Zur Einleitung.

———

Für die Beurtheilung der vorliegenden Beiträge erlaube ich mir wenige Worte vorauszuschicken.

Als ich im Sommer d. J. zur Ausarbeitung meines zweiten carcinologischen Beitrages (Die Lynceiden und Polyphemiden der Umgegend von Berlin) schritt, welcher in dem Jahresberichte der hiesigen Dorotheenstädtischen Realschule bereits zur Veröffentlichung gelangt ist, war mein Augenmerk dem anfänglichen Plane gemäss nur dem in hiesiger Gegend vorgefundenen Beobachtungsmaterial zugewendet. Aeltere Beobachtungen sollten nur insoweit in den Kreis vergleichender Betrachtung gezogen werden, als zur Feststellung des heimathlichen Bestandes der behandelten Thiergruppe unumgänglich erschien. Die Mannigfaltigkeit der hiesigen Lynceiden-Fauna aber drängte mich zu weiter gehender Vergleichung und führte so zu der hier vorliegenden allgemeinen Uebersicht.

Die gewonnenen Resultate beweisen zur Genüge, wie sehr begründet die vielfachen Klagen waren, welche über die Unsicherheit in der Bestimmung der Geschlechter und Arten auf diesem Gebiete der Zoologie erhoben worden sind. Daher wird mein Versuch: das bisher auf diesem Felde zusammengetragene Material in eine übersichtliche systematische Anordnung zu bringen, vielleicht nicht unwillkommen sein.

Da ich an den specielleren Theil der im Sommer publicirten Abhandlung, welcher auf Seite 3—24 in unverändertem Abdruck wiedergegeben worden ist, anzuknüpfen hatte, so habe ich wenigstens für die Lynceiden die frühere Anordnung in der Gegenüberstellung der heimathlichen und fremden Arten beibehalten müssen.

Durch die neu hinzugekommene dritte Kupfertafel, auf welcher noch mehrere der interessanteren neuen Species dem vorliegenden Zwecke entsprechend veranschaulicht worden sind, hat die Arbeit, wie ich glaube, in ihrer Brauchbarkeit gewonnen. Bei der Unbestimmtheit der bisher für diese Thierchen gebräuchlichen Terminologie sind

Abbildungen, auch wenn sie das mustergültige Vorbild des neuesten Meisterwerkes, welches aus Leydig's Händen hervorgegangen ist, nicht zu erreichen vermögen, immerhin eine erwünschte Beigabe und sollten bei neuen Art-Bestimmungen niemals fehlen.

Den vorgefundenen Synonymen der von mir unterschiedenen Arten, deren Zahl sich für die Lynceiden auf 58, für die Polyphemiden auf 11 beläuft, habe ich, wie in meinem ersten Beitrage, besondere Aufmerksamkeit zugewendet. Hierauf bezügliche, unerledigte Zweifel sind an betreffender Stelle hervorgehoben worden.

Berlin im December 1862.

Der Verfasser.

Berichtigungen.

S. 40, Z. 20 v. o. l. Peracantha truncata st. Lynceus truncatus.
S. 54, Z. 14 v. u. l. abgeschnitten st. abschnitten.
S. 72, Z. 5 v. u. l. 1. Bythotrephes longimanus st. 1. Bythotrephes.

Einer früheren Zusage gemäss biete ich in den vorliegenden Blättern den Freunden der Arthropoden und den Carcinologen insbesondere einen neuen Beitrag zur Kenntniss der Entomostraceen. Derselbe sucht, wie meine frühere Mittheilung[1], neben dem Nachweis der Lokalfauna begründetere Anhaltspunkte zu gewinnen für die Bestimmung der Geschlechter und Arten dieser Thiergruppe. In letzterer Beziehung wird die Arbeit, wie ich hoffen darf, eine nicht unwillkommene Ergänzung zu der jüngst erschienenen „Naturgeschichte der Daphniden von Leydig" bilden. Letzterer bezeichnet, indem er die grosse Unsicherheit in den Gattungs- und Artdiagnosen auf diesem Gebiete beklagt, derartige Bemühungen als besonders wünschenswerth und empfiehlt grade die uns vorliegende alte Gattung *Lynceus* O. F. Müller der nächsten Beachtung.

Für die vorliegenden vergleichenden Untersuchungen stand mir ein reichhaltiges, seit Jahren gesammeltes Beobachtungsmaterial zur Verfügung, welches ich in verdünntem Spiritus aufbewahrt halte. Da ich viele Arten dieser Thierchen sogar aus ganz verschiedenen Fundorten besitze und für die Vergleichung meist auch lebendig herbeischaffen konnte, so ist meine Bemühung durch mehrfache interessante Ergebnisse belohnt worden. An der mir vorliegenden Lynceidenfauna der hiesigen Umgegend allein lässt sich die Nothwendigkeit einer erweiterten systematischen Stellung der Lynceiden nicht länger verkennen. Denn nicht allein auffällige Verschiedenheit der äusserlichen Form, sondern auch wesentliche Abweichungen der inneren Organisation trennen die hierher gehörigen Arten von einander, und es ist daher nicht zulässig, dieselben in der von O. F. Müller seiner Zeit aufgefassten Umgrenzung einer Gattung länger zu belassen. Dies hat auch Baird bereits richtig erkannt und in seiner „Natural History of the British Entomostraca" (1849) geltend zu machen versucht. So lange man sich hierbei, wie es bei vorgenanntem Autor der Fall ist, einzig und allein auf Abweichungen der äusserlichen Form und blosse Struktur-Verhältnisse stützt, mögen dagegen erhobene

---

[1] Carcinologische Beiträge: Die Branchiopoden der Umgegend von Berlin. I. Beitrag. Im Jahres-Bericht über die Louisenstädtische Realschule. 1858.

4

Zweifel sich rechtfertigen lassen; sobald jenen Unterschieden sich aber auch Abweichungen der inneren Organisation beigesellen, wird man sich wohl bequemen müssen, darin mehr als blosse Art-Berechtigung anzuerkennen. Das ungerechtfertigte Zusammenwerfen nahe stehender Formen, zu flüchtiges Hinweggehen über frühere Beobachtungen, nicht selten sogar unmotivirte Zweifel an der Richtigkeit solcher Beobachtungen, haben es in der That mit verschuldet, dass wir, wie Leydig in seiner „Naturgeschichte der Daphniden" bekennt, auf dem vorliegenden Gebiete der Zoologie, „erst am Anfange einer genauen Kenntniss der Arten stehen, und dass fast noch Alles zu thun sei." — Mit Rücksicht hierauf darf ich wohl auf eine nachsichtige Beurtheilung des vorliegenden Versuchs, welcher auf Vollständigkeit oder Unfehlbarkeit keinen Anspruch macht, mit Zuversicht rechnen.

Ich schliesse mich, wie ich bereits früher[2]) hervorgehoben habe, in Betreff der systematischen Stellung dieser Entomostraceen-Gruppe der Ansicht Baird's an. Eine theilweise Anerkennung hat die von Baird zuerst veranlasste Theilung der Gattung *Lynceus* O. F. Müller auch bereits durch Dana erfahren; indem derselbe in seinem grossen, die ganze Klasse der Crustaceen umfassenden Werke dem gleichen Bedürfniss dadurch zu genügen sucht, dass er die Lynceiden in die drei Gattungen: *Eurycercus*, *Lynceus* (i. e. S.) und *Alona* vertheilt[3]). Wir werden auf diese allerdings nicht ausreichende Eintheilung weiter unten zurückkommen.

Die grosse Mannigfaltigkeit der in hiesiger Umgegend aufgefundenen Formen, unter denen ich ganz interessante neue Arten aufzuweisen habe, lässt sicherlich erwarten, dass auch aus anderen Lokalitäten noch mancher erfreuliche Fund zu gewärtigen stehe, sobald man diesen anziehenden, kleinen Wasserbewohnern eine allgemeinere Aufmerksamkeit zugewendet haben wird.

Der Uebersicht wegen sei in Kürze noch daran erinnert, dass ich in meinem ersten Bericht nach einer Uebersicht der hiesigen Phyllopoden-Fauna die Cladoceren in nähere Betrachtung gezogen und den Gesammtbestand derselben in die vier Familien der Sididen, Daphniden (i. e. S.), Lynceiden und Polyphemiden vertheilt habe. Die Sididen und eigentlichen Daphniden haben dort eine vorläufige Erledigung gefunden; der Bestand der dritten und vierten Familie aber konnte damals nur in kurzer Uebersicht vorgeführt werden.

Bei dieser Gelegenheit will ich nicht unerwähnt lassen, dass die Zahl unserer Phyllopoden, wie bereits v. Dybowski (Archiv für Naturgesch. XXVI. (1860.) I. B. p. 200) angedeutet hat, sich seitdem noch durch eine interessante Limnadiaden-Art, nämlich *Limnetis brachyurus* (Grube, Bemerkungen über die Phyllopoden. Taf. I.—III. 1853) vermehrt hat. Sie ist im April und Mai in Gesellschaft von *Branchipus Grubii* Dyb. und einigen Cladoceren, Copepoden und Ostracoden in einigen Gräben der Jungfernhaide ziemlich zahlreich anzutreffen.

---

[2]) Vergl. Beitrag I. S. 7 u. 27.
[3]) James D. Dana, Crustacea. Part. II. p. 1266. (1852.)

In diesem Frühjahr, welches dem Gedeihen der Phyllopoden besonders günstig war, habe ich den Branchipus Grubii Dyb. auch im Thiergarten in zahlloser Menge angetroffen. Er lebt auch hier in von Laubholz umstandenen Lachen, bald allein, bald in Gesellschaft von Apus. Aber weder hier, noch an einem andern Fundort habe ich bisher selbst den *Branchipus stagnalis*, welcher unserer Fauna ebenfalls angehören soll, vorgefunden. — Als eine Auffälligkeit will ich endlich gleichzeitig noch bemerken, dass ich in diesem Jahre auch den Apus productus (Grube) zahlreich im Thiergarten angetroffen und ausser anderen Fundorten häufig aus einer Lache zwischen dem Kroll'schen Etablissement und den Zelten entnommen habe, in welcher ich im Jahre 1846 den *Apus cancriformis* zahlreich antraf. Von letzterem aber war in diesem Jahre hier keine Spur aufzufinden, während früher an derselben Stelle nichts von *Apus productus* zu entdecken war.

Fam. III. Lynceidae.

Syn. Lynceidae Baird, Brit. Ent. p. 115.
Daphnidae (in part), Dana, Crustacea. Part II. p. 1265.

Sie umfasst diejenigen Zehnfüssler der Cladoceren, deren Nahrungskanal 1 bis 3 Darmwindungen aufzuweisen hat. ' Der Kopf derselben läuft in einen mehr oder weniger zugespitzten Schnabel aus, wird von einem seitlich überragenden Kopfschilde bedeckt, und ist äusserlich nur selten durch eine Einkerbung gegen den Thorax abgesetzt. Der unmittelbar über der Basis der Tastantennen liegende schwarze Gehirnfleck erreicht hier oft die Grösse des Auges. — Ich kann dem schon wiederholentlich geäusserten Bedenken: diesen „schwarzen Fleck" nach der Ansicht vieler Autoren dem Gesichtssinn zu vindiciren, noch immer nicht entsagen. Bekanntlich hat grade die bedeutende Grösse und äusserliche Analogie, welche dieses Organ mit dem zusammengesetzten Auge dieser Thierchen zeigt, dem hochverdienten ersten Beobachter derselben Veranlassung zur Benennung der ursprünglichen Gattung *Lynceus*[4]) gegeben. Jener fragliche schwarze Fleck liegt immer dem unpaaren Fortsatz des Gehirns auf, welcher von der die beiden Hirnlappen trennenden Furche ausgeht, und tritt, je nach der Bildung des Kopfes, in seiner Lage mehr oder weniger in diesen zurück. In seiner Form erweist er sich auch bei den Lynceiden verschieden. Vom Vorhandensein Licht brechender Körper in demselben, welche Leydig bei mehreren Arten hervorhebt, habe ich mich, wiewohl mir für meine Beobachtungen ein vortreffliches, neues Mikroskop aus der berühmten Werkstatt unseres Schiek zu Gebote steht, bis jetzt nicht überzeugen

---

[4]) Lynceus, Sohn des Aphareus, zur Berühmtheit gelangt durch die Schärfe seines Gesichts. „Nomen Lyncei in Zool. das. prodr. ex punctis binis ocellaribus, quae organa visus absque dubio sunt, indixi." O. F. Müller, Entom. p. 67.

können. Mit Bestimmtheit aber muss ich der von Zenker (Müller's Archiv. 1851. p. 112.) für obige Deutung betonten Behauptung widersprechen, nach welcher die Entwicklung dieses Organs im embryonalen Zustande dieser Thierchen jener des Auges vorangehen soll. Ich habe überall gleichzeitige Entwicklung wahrgenommen, und demnach ist die Deutung eines stellvertretend fungirenden Auges nicht zutreffend. — Unwahrscheinlich ist mir ferner, dass dieses „Nebenauge" bei manchen Arten nur dem Embryonalleben angehöre, wie Fischer z. B. von seinem *Lynceus tenuirostris* berichtet. — Ich kann nach meinen Wahrnehmungen nicht umhin, von neuem auf den Zusammenhang hinzuweisen, in welchem mir dieser schwarze Gehirnfleck mit der zarten Borste zu stehen scheint, welche an der Oberfläche der Tastantennen gefunden wird.

Die Ruderantennen der Lynceiden sind zweiästig; beide Aeste sind dreigliedrig und mit gegliederten und gefiederten Ruderborsten versehen. Die zweiklappige Schale umschliesst, wie bei den eigentlichen Daphniden, den Leib und auch die Beine, und ist am freien Rande mit gefiederten Wimpern besetzt. Die Beine, welche in ihrem Bau grosse Analogie mit unserer Daphniden-Gattung *Acanthocercus* zeigen, tragen an der äusseren Fläche ihres Stamm- oder Hauptgliedes (femur) einen cylindrischen, blasigen „Kiemenanhang", und nach innen gekehrt, einen zweiten blatt- oder scheibenförmigen Anhang, welcher mit feinen Wimpern eingefasst und mit dicht gefiederten Borsten besetzt ist. Letzterer nimmt in seiner Ausdehnung vom ersten bis zum letzten Beinpaar im Allgemeinen stetig zu, während jener in seiner Grösse ziemlich beständig ist. Die dem Tarsus entsprechenden Endglieder der Beine sind, wie bei *Acanthocercus*, an den vorderen beiden Beinpaaren, welche ausschliesslich im Dienste des Mundes stehen, überwiegend entwickelt; sie verkümmern schon am dritten Fusspaare in auffälliger Weise und fehlen den beiden letzten Fusspaaren ganz.

Der bis jetzt ermittelte Bestand der Familie ist auf folgende acht Gattungen zu vertheilen:

Eurycercus (Baird), *Chydorus* (Leach), *Alona* (Baird), *Pleuroxus* (Baird), *Peracantha* (Baird), *Acroperus* (Baird), *Camptocercus* (Baird) und *Lynceus* (im eng. S.) —

Gatt. 1. Eurycercus.

Eurycercus, Baird, Ann. and Mag. Nat. Hist. II. u. British Entom. p. 123. — (1850).
Eurycercus, Dana, Crustacea, Part II. p. 1366. — (1852).

Weder die von Baird[1]) aufgestellte Charakteristik der Gattung, noch die von Dana[2]) gegebene bieten für die Vergleichung ausreichende Anhaltspunkte dar; sie be-

---

[1]) W. Baird l. c. p. 123: „Subquadrangular; abdomen very broad, in form of a flat plate, densely serrated."

[2]) Dana l. c. p. 1366: „Caput quoad rostrum paulo productum et infra incurvatum. Antennae anticae rostro vix breviores. Abdomen peristum." This genus, fügt Dana hinzu, as adopted includes *Chydorus*, *Peracantha* and *Pleuroxus* of Baird, which scarcely differ except in the form of the shell.

schränken sich beide ausschliesslich auf äussere Formverhältnisse. Wesentlicher ist schon, was Lilj e borg[7]) in einer beiläufigen Bemerkung als brauchbaren Anhaltspunkt für eine künftige generische Sonderung bezeichnet, indem er ausser der eigenthümlichen Form des Postabdomens als solchen noch die Blindsäcke des Darmkanals ("de båda blindtarmlika bihangen vid tarmkanalen") hervorhebt.

Soweit meine Untersuchungen bis diesen Augenblick reichen, würden folgende Punkte in der Diagnose unserer Gattung zu beachten sein.

An dem frei (auf dem Bauche) schwimmenden Thierchen nimmt schon das unbewaffnete Auge, in Folge erheblicher Zuspitzung nach vorn und hinten, eine auffällig kahnförmige Gestalt wahr, deren grösste Breite sich etwa im ersten Drittel der Körperlänge befindet. Der Kopf des in der Seitenlage beobachteten Thierchens bildet einen stumpfen, abwärts gerichteten Schnabel und ist zuweilen, wie bei den eigentlichen Daphniden, durch eine deutliche Einkerbung (wenigstens bei ausgewachsenen Individuen) gegen die Abdominalschale abgesetzt. An dieser eingedrückten Stelle der Rückenkante liegt ein unpaariges "Haftorgan"[8]), das in morphologischer, wie in funktioneller Beziehung jenem Organ zu entsprechen scheint, welches bei einigen Daphniden-Gattungen, wie bei *Simocephalus* Schd., *Lathonura* Lilj. und *Ceriodaphnia* D. an gleicher Stelle gefunden wird.

Die in der Seitenlage des Thierchens betrachtete Schale ist mit einer steigbügelförmig verlaufenden Drüse versehen; sie ist mehr oder weniger viereckig und am freien Rande mit Wimpern eingefasst, welche am Unterrande durch beträchtliche Länge hervorragen und dicht gefiedert sind. Das an die hintere Rückenkante der Schale an-

---

[7]) Lilj e borg, De Crustaceis ex ord. tribus: Cladocera, Ostracoda, Copepoda (1853), p. 88.

[8]) Nach meinen Wahrnehmungen lässt sich die in obiger Benennung liegende Deutung dieses räthselhaften Organs schwerlich rechtfertigen. Ganz abgesehen von der schwierig zu ermittelnden Struktur desselben widerspricht der vermeintlichen Bedeutung schon seine zuweilen sehr versteckte, in tiefer Einkerbung gefundene Lage grade bei denjenigen Individuen, welche sich eines solchen Haftapparats am meisten bedürftig erweisen. Die ausgewachsenen, zahlreiche Brut mit sich umhertragenden Weibchen der Gattungen *Eurycercus*, *Simocephalus* und *Ceriodaphnia* wölben die Rückenkante der Schale über der Bruthöhle so bedeutend, dass sie damit jenes Pseudo-Haftorgan, wie ich es lieber nennen möchte, weit überragen. Und doch sieht man grade sie in ruhender Lage, an Pflanzen oder an die Gefässwand geheftet, gern längere Zeit verweilen. Dass die Simocephalus-Arten sich hierbei nicht jenes Pseudo-Haftorganes, sondern ausschliesslich ihrer Ruder-Antennen bedienen, habe ich im früheren Beitrage (vergl. S. 17 dem.) ausführlich nachgewiesen. Leydig hat die diesem Zwecke dienende specifische Beschaffenheit der Ruderorgane bei unserem *Simocephalus vetulus* und *serrulatus* übersehen. Nach meinen Wahrnehmungen bedient sich auch unser *Eurycercus lamellatus* zum Festhalten ausschliesslich der Ruder-Antennen. Demnach ist die noch jüngst von Leuckart (in Wieg. Arch. 25 p. 262) gezogene Parallele zwischen "dem runden Saugnapf" der *Evadne polyphemoides* und dem analogen Organ bei den eigentlichen Daphniden und Sididen einer weiteren genaueren Untersuchung zu empfehlen. Bei *Sida crystallina* finden sich bekanntlich zweierlei "Haftorgane": ein unpaariges "vorderes Haftorgan", welches sich in Gestalt einer hufeisenförmigen Krempe quer um den Nacken zieht, und in der That als Haftapparat zu fungiren scheint, ausserdem aber noch ein hinteres, paariges "Haftorgan", welches, wie auch Leydig (Naturgesch. der Daphniden. [1860.] p. 102.) hervorhebt, auf einen Zusammenhang mit der Schalendrüse hinweist, und nach meinen Wahrnehmungen von ersterem in morphologischer, wie in funktioneller Beziehung verschieden ist.

stossende Leibessegment trägt, wie bei eigentlichen Daphniden, einen fleischigen, hier aber warzenförmigen Fortsatz zum Verschluss der Bruthöhle. Das Postabdomen, durch eine scharfe Querleiste vom übrigen Abdomen getrennt, bildet eine breite, am freien Ende mit einem tiefen, rundlichen Ausschnitt versehene Lamelle. Dasselbe trägt, wie bei den verwandten Gattungen, zwei aus der Schale hervorragende gegliederte und gefiederte „Schwanzborsten" und ebenso am Ende zwei starke, wenig gebogene Endkrallen („Hauptkrallen oder auch Endklauen" genannt) und ist längs der ganzen nicht gefurchten Hinter- oder Rückenkante mit einer Reihe dicht stehender Zähne besetzt, welche nach dem freien Ende hin stetig an Grösse zunehmen. — Das Abdomen trägt, wie bei den übrigen Gattungen, fünf Paar Beine und ausserdem hinter dem fünften Beinpaar noch ein Paar, den „Kiemenanhängen" der Beine ähnliche, flaschenförmige Gebilde (vergl. Taf. I, Fig. 28), welche an die beiden tubenartigen Anhänge erinnern, welche ich früher bei *Acanthocercus rigidus* nachgewiesen habe."

Ich habe schon damals auf die analogen Bauchanhänge bei Lynceiden aufmerksam gemacht. Keiner der späteren Beobachter, mit Ausnahme von Liljeborg (De Crustac. etc. p. 73) erwähnt dieser Organe. Auch Leydig, der neueste Beobachter, der gerade bei seinem *Lynceus lamellatus*, welcher mit unserem *Eurycercus lamellatus* identisch ist, „wieder einmal die so schwierig zu untersuchenden Beinpaare studirt" hat, giebt darüber keine Auskunft. Liljeborg dagegen, welcher (l. c. p. 73—75, Taf. V, Fig. 12) die genannten Anhänge für ein sechstes Beinpaar („Benen äro till antalet sex par") ansieht, beschreibt sie ausführlich. Ich gedenke näher darauf zurückzukommen. In Fig. 28 auf Taf. I habe ich das in Rede stehende Organ mit dem fünften Bein der rechten Seite in naturgemässer Lage zu veranschaulichen versucht.

Der Nahrungskanal trägt am vorderen Ende des Magens, wie bei den eigentlichen Daphniden, zwei kurze, vorwärts gewendete Blindsäcke („Gallgefässe"), macht etwa über dem letzten Beinpaar eine Windung („Darmschlinge"), entsendet vor seinem Uebergange in das Postabdomen noch einen unpaarigen, nach vorn gerichteten Blindsack und verläuft dann längs der vorderen Kante des Postabdomens, um unmittelbar unter den Endklauen an der ausgebuchteten und mit einem Kranz von „Afterkrallen" besetzten Stelle zu endigen.

Die beiden Aeste der Ruderantennen sind dreigliedrig; der äussere Ast trägt ausser einigen Dornen drei feingefiederte Ruderborsten, der innere Ast deren fünf, von denen drei am Endgliede und je eine am ersten und mittleren Gliede sitzen.

Die Tastantennen sind cylindrisch und überragen die Schnabelspitze; sie tragen am freien Ende einen Büschel zarter, geknöpfter Tastfäden und an der Mitte der vorderen Seite eine längere, zugespitzte Borste. — Der unmittelbar über der Basis der Tastantennen liegende schwarze Gehirnfleck ist von unregelmässig viereckiger Gestalt und viel kleiner als das Auge. — Das Auge selbst ist gross, braun gefärbt (wie bei *Sida crystallina*), mit zahlreichen, Licht brechenden Krystallkörpern erfüllt und sitzt unmittelbar unter der Scheitelkante des Kopfes. Von Kauwerkzeugen ist ausser den kräftigen Mandibeln noch ein Paar Maxillen vorhanden. — Die Oberlippe endlich ist mit einem schnauzenartigen Vorsprunge versehen und trägt zu beiden Seiten einen frei vorstehenden, papillenartigen Fortsatz.

Die Gattung umfasst die grössten der bis jetzt ermittelten Lynceiden und vermittelt den Uebergang derselben zu den eigentlichen Daphniden. Sie findet sich bei uns vertreten durch eine Art, nämlich durch:

1. Eurycercus lamellatus.
Hierzu Fig. 36 auf Taf. I.

Syn. Lynceus lamellatus, O. F. Müller, Entom. p. 73, tab. IX, Fig. 4—6.
Lynceus lamellatus, M. Edwards, Hist. Nat. Crust. III., 388.
Lynceus lamellatus, Koch, Deutschl. Crust. H. 38, Tf. 9.
Lynceus lamellatus, Zaddach, Prodr. Crust. Pruss. p. 95. — (1844.)
Lynceus lamellatus, Lièvin, die Branchiop. der Danziger Gegend. S. 39, Taf. 11 (1848).
Eurycercus lamellatus, Baird, British Entom. p. 128, tab. XV, Fig. 1 (a—l.) — (1850).
Lynceus lamellatus, Liljeborg, de Crust. etc. p. 71, Tab. V., Fig. 7—12, Tab. VI, Fig. 1—7, Tab. VII, Fig. 1 (1853).
Eurycercus lamellatus, Schödler, die Branchiop. I. Beitrag. S. 27. — (1858.)
Lynceus lamellatus, Leydig, Nat. der Daphn. p. 203. Taf. VII, Fig. 52—56 u. Taf. X., Fig. 73. — (1860.)

Der Eurycercus lamellatus gehört, wie vorstehendes Autoren-Verzeichniss ergiebt' zu den verbreitetsten Arten. Er wird bei uns zahlreich in der Spree, Havel, im neuen Schifffahrtskanal und in fast allen unseren Seen angetroffen.

An Grösse übertrifft er alle andern Arten; denn er erreicht eine Länge von 3—4 Millimeter. Ausgewachsene Weibchen nehmen eine so auffällige Wölbung der Schale an, dass ihre grösste Höhe fast ½ der Länge beträgt.

Das Thierchen ist in beiden Geschlechtern bekannt und so vielfach, namentlich von Liljeborg und Leydig so umständlich beschrieben worden, dass ich mich hier auf das beschränken kann, wodurch es sich von den anderen, noch bekannten Arten der Gattung unterscheidet. Ich zähle hierher zunächst noch den:

[2.] Eurycercus laticaudatus.
Syn. Lynceus laticaudatus, Fischer, Ueber die Branchiopoden und Entomostraceen aus der Umgegend von St. Petersburg. — Mém. de l'Acad. de St. Pétersbourg. T. VI., S. 187, Taf. VIII., Fig. 4—7. (1851).

Leydig hält diese russische Art für identisch mit unserem *Eurycercus lamellatus*, obgleich Fischer auffällige Unterschiede hervorhebt. Abgesehen von der weniger plump gestalteten Kopfbildung und der ziemlich schräg (nicht senkrecht) stehenden dichten Zahnreihe auf der hinteren Kante des Postabdomens schildert Fischer die Beschaffenheit der Ruderantennen ganz abweichend. Wiewohl auch ich einer Verschiedenheit in der Gliederzahl der Aeste (Fischer zählt nämlich vier Glieder) nicht ohne Weiteres Glauben beimessen möchte, so kann doch die von genanntem Beobachter ange-

2

gebene, abweichende Struktur der Fiederborsten sehr wohl vorhanden sein. Wir werden weiter unten analogen Abweichungen begegnen, und ein ähnliches Verhalten habe ich bereits früher in der Daphniden-Gattung *Lathonura* aufzuweisen gehabt. An der neben *Lathonura rectirostris* (Liljeb.) bei uns vorkommenden *Lathonura spinosa* Sch. nämlich sind zwei der drei Endborsten an jedem Ast der Ruderantennen bis zum ersten Gelenk fein gezähnelt, während sie im übrigen Verlauf, wie die andern Ruderborsten, gefiedert auftreten. (Vergl. m. Beitrag I. S. 19. Fig. 10.) — Solchen Wahrnehmungen und der bestimmten Angabe Fischer's gegenüber, nach welcher die Borsten der Ruderantennen beim Eurycercus laticaudatus am ersten Gliede glatt (also ungefiedert), dagegen am zweiten Gliede längs der einen Seite mit starken Haaren besetzt sind, kann ich mich nicht für berechtigt halten, die Identität dieser Art mit unserem *Eurycercus lamellatus* auszusprechen. Bei diesem nämlich sind die drei Ruderborsten des äusseren, wie die fünf Borsten des inneren Astes ihrer ganzen Länge nach und zwar beiderseits gleichmässig gefiedert. Ausserdem trägt jeder Ast am freien Ende einen kräftigen Dorn und der dreiborstige, äussere Ast ausserdem noch einen solchen am Ende des ersten Gliedes. Auch der Stamm besitzt an seinem Ende einen nach aussen gewendeten, starken Dorn.

In seinem Verhalten zeigt der *Eurycercus lamellatus* grosse Uebereinstimmung mit den *Simocephalus*-Arten. Er ist, wie diese, in seinen Bewegungen ziemlich träge und heftet sich, wie bekannt, ebenfalls gern an Pflanzen und schlüpfrigen Gefässwänden fest, oder schwimmt, wie jene, auf der Seite liegend, gern längere Zeit auf sonniger Wasserfläche umher. Die dabei trocken werdende Schale glänzt dann in starkem Grade.

Die Zahl der gleichzeitigen Embryonen in der Bruthöhle nimmt mit dem Alter zu. Gleiches gilt im Allgemeinen von den „Wintereiern." Eine Metamorphose der Schale, wie sie in der „Ephippium-Bildung" der Daphnien, Ceriodaphnien und Simocephalen bekannt ist, findet weder bei *Eurycercus*, noch bei einer andern Gattung der Lynceiden statt; die Wintereier werden vielmehr, wie bei *Acanthocercus*[9]), von der unveränderten Schale umhüllt, bei der nächsten Häutung abgelegt. Diese Wintereier-Paketchen bleiben leicht an Pflanzentheilen hängen und werden an der meist gut erhaltenen Form der Schale leicht erkannt. — Aus einem Wintereier-Packetchen des *Eurycercus lamellatus* habe ich einmal mitten im Winter (am 18. Januar) junge Brut aufgezogen und den interessanten Vorgang der Entwicklung in seinem ganzen Verlauf ungestört beobachten können.

Den obigen beiden Arten der Gattung ist meines Erachtens als dritte Species noch die folgende Lynceide anzureihen, welche Fischer in stehenden Gewässern auf Madeira und auch in Russland (im Gouvernement Tambow) angetroffen hat. Sie hätte eigentlich an die Spitze der Lynceiden-Familie gestellt werden müssen, da sie, wie der Entdecker derselben schon durch die Benennung hervorgehoben hat, den Uebergang zu den eigentlichen Daphniden am besten vermittelt.

---

[9]) Vergl. m. Abh. „Ueber Acanthocercus rigidus." Archiv für Naturg. XII. Jahrg. 1. Bd. p. 372.

[3.] Eurycercus acanthocercoides.

Syn. Lynceus acanthocercoides, Fischer, Bulletin de la soc. des nat. de Moscou 1854, S. 431,
Taf. III., Fig. 21—24.
Lynceus acanthocercoides, Leydig, Naturgesch. der Daphn. S. 231.

Ich vermag dieser Art in Berücksichtigung ihres ganzen Habitus, sowie nach der Bildung des Kopfes, der Tast- und Ruderantennen, aber namentlich wegen der analogen Gestaltung und Bewehrung ihres Postabdomens vorläufig keinen passenderen Platz in der Familie, als den vorgenannten, anzuweisen. Die sonst sehr ausführliche Beschreibung Fischer's gewährt allerdings über die oben in der Diagnose der Gattung hervorgehobenen blinddarmähnlichen Anhänge des Nahrungskanals keine Auskunft; jedoch scheint dieser hier ebenfalls unmittelbar unter den Endklauen des breiten Postabdomens zu endigen (vergl. Fischer l. c. Fig. 22), was sonst bei keiner der übrigen Gattungen der Fall ist. Ebenso ist weder von einem „Haftorgan" die Rede, noch ist in der Abbildung eine Einkerbung zwischen dem Kopfschilde und der Schale wahrzunehmen. Doch schon bei dem *Eurycercus laticaudatus* ist jene Einkerbung viel geringer, als bei *Eurycercus lamellatus*, und das Vorhandensein eines „Haftorgans" ist ebenso, wie das Vorkommen der Schalendrüse auch für *Eurycercus laticaudatus* noch nachzuweisen. — Sollte in den vorstehend berührten Punkten eine Uebereinstimmung mit dem *Eurycercus lamellatus* sich nicht erweisen, so wäre dann in Betreff der generischen Zugehörigkeit zunächst an die Verwandtschaft zu erinnern, welche das Thierchen andrerseits mit dem *Lynceus quadrangularis* Leydig zu verrathen scheint.

Die mehr vorgestreckte Haltung des Kopfes, der abweichende Stachelbesatz des Postabdomens, sowie namentlich die gestreifte Skulptur der Schale unterscheiden die Art sonst leicht von den vorigen beiden.

Gatt. 2. Chydorus.

Chydorus, Leach, Supp. Encyc. Brit. art. Annulosa. 1816.
Chydorus, Baird, Ann. and Mag. Nat. Hist. II. und Brit. Ent. p. 125.
Chydorus, Schödler, Branchiopoden. I. Beitr. p. 27.

Die von Baird aufgestellte Charakteristik lautet:

„Nearly spherical in shape. Beak very long and sharp, curved downwards almost into the shape of a crescent. Inferior antennae very short."

Die hierher gehörigen Arten unterscheiden sich in der That leicht von allen andern durch ihren fast kugelförmigen Habitus. Der scharf zugespitzte, halbmondförmige Schnabel (vergl. Taf. I., Fig. 1 und 5; Taf. II., Fig. 44) ist stark abwärts gekrümmt und legt sich zuweilen mit der Spitze zwischen die Vorderränder der Schale.

Die gleichmässig gewölbte Scheitelkante des Kopfes ist durch keine Einkerbung vom Thorax abgesetzt. Das Auge ist stets grösser als der schwarze Gehirnfleck. Letzterer ist von der Schnabelspitze meist viel weiter entfernt, als von dem Auge. Die Tastantennen sind konisch gestaltet, stets kürzer als der Schnabel und werden von diesem mehr oder weniger verdeckt. Sie tragen am freien Ende einen Büschel feiner, gleich langer, geknöpfter Tastfäden und eine zarte, zugespitzte Borste an der äusseren, vorderen Kante. Die Oberlippe ist mit einem zipfelförmig zugespitzten Aufsatz versehen. Der freie Schalenrand ist längs der hinteren Hälfte des Unterrandes stark einwärts gebogen und an der so gebildeten, einwärts gekehrten Leiste mit starken Wimpern besetzt. Der Nahrungskanal, dem die paarigen Blindsäcke des Magens fehlen, vollzieht in der Gegend der letzten Beinpaare zwei vollständige Windungen („Darmschlingen") und verläuft von da ab in bogenförmiger Krümmung längs der Dorsalkante. Derselbe entsendet vor seinem Uebergange in das Postabdomen einen unpaarigen Blindsack und mündet an der concav ausgeschweiften Stelle der hinteren oder Dorsalkante des Postabdomens. Dieses selbst ist beilförmig, auf seiner Dorsalkante, vom After abwärts, gefurcht und an den Rändern der verlängerten Afterfurche jederseits mit einer Reihe von kleinen Afterkrallen besetzt. An der Basis jeder Endklaue sitzt ein kleiner Dorn. — Die Ruderantennen haben einen ringelartig gegliederten Stamm und tragen an dem äusseren Aste drei, am innern Aste vier gegliederte und fein gefiederte Ruderborsten.

Zu dieser Gattung zähle ich sechs Species, von denen die Berliner Fauna vier aufzuweisen hat. Letztere sind zunächst:

1. Chydorus sphaericus.

Hierzu Fig. 5—7 auf Taf. I.

Syn. Lynceus sphaericus, Müller, Entom. p. 71, Tab. IX, Fig. 7—9.
Lynceus sphaericus, M. Edwards, Hist. nat. des Crust. III., 386.
Lynceus sphaericus, Koch, Deutschl. Crust. H. 36, Taf. 12.
Monoculus sphaericus, Jurine, Hist. des Monocles, p. 157, Tab. 16, Fig. 3, a—m.
Chydorus Mülleri, Leach, Edc. Brit. Supp. art. Annulosa. (1816.)
Lynceus sphaericus, Zaddach, Synops. Crust. Pruss. Prodr. p. 29.
Lynceus sphaericus, Liévin, die Branchiop. der Danziger Gegend. p. 41, Taf. X, Fig. 6.
Chydorus sphaericus, Baird, Brit. Entom. p. 126, Tab. XVI, Fig. 8.
Lynceus sphaericus, Fischer. Mém. de l'Acad. de St. Pétersbourg, VI., S. 192, Taf. IX., Fig. 12—15.
Lynceus sphaericus, Lilljeborg, de Crustaceis etc. p. 86, Tab. VII., Fig. 12—17.
Chydorus sphaericus, Schödler, die Branchiopoden etc. I, Beitr. S. 27.
Lynceus sphaericus, Leydig, die Naturgesch. der Daphn. S. 225.
Lynceus sphaericus, Tòth, Verzeichniss der Rot. und Daphniden um Pesth-Ofen. Verh. der k. k. bot.-zool. Ges. in Wien, 1861. J. XI. p. 184.

Diese sehr weit verbreitete Art liebt besonders stagnirende Gewässer und wird bei uns fast überall in Gräben, aber auch im Kanal und in unserer langsam fliessenden Spree angetroffen. Sie erreicht eine Länge von etwa ⅓ Millimeter und variirt in Form und Färbung in bemerkenswerthem Grade. Die Färbung, welche gewöhnlich blass-horngelb ist, geht zuweilen in ein rothgelbes, häufiger aber in ein wolkengraues Aussehen über und gewährt daher keinen zuverlässigen Anhaltspunkt für die Unterscheidung. Am stichhaltigsten in dieser Beziehung ist die matte, polygonale Zeichnung der Schale, die bei ausreichender Vergrösserung in jedem Stadium der Entwicklung wahrzunehmen ist. Dieselbe tritt namentlich in dem untern Theil der Schale, wie ich solches in Fig. 5 angedeutet habe, leicht in das Gesichtsfeld ein, weil hier die Durchsichtigkeit der Schale durch die darunter liegenden Körpertheile weniger beeinträchtigt wird. Sie erstreckt sich jedoch nicht allein über die ganze Oberfläche der Schale, sondern auch über den Kopfschild, was der bei der Häutung abgeworfene Schalenbalg leicht erkennen lässt. Wenn unser Thierchen sich schon hierdurch von den unten aufgeführten beiden neuen Arten: *Chydorus nitidus* und *caelatus*, deren Schalen eine solche polygonale Skulptur nicht aufzuweisen haben, sicher und leicht unterscheidet, so ist es, abgesehen von Form und Färbung, durch abweichende Bildung des Kopfes und Postabdomens von der folgenden Art noch auffälliger verschieden. — Höckerige Erhabenheiten, wie bei *Chydorus caelatus*, oder eine fleckige, gesprenkelte Zeichnung, wie bei *Chydorus globosus*, hat die Oberfläche der Schale hier nicht aufzuweisen. Der freie und einwärts umgebogene Rand, sowohl der untere, wie hintere, und ebenso auch die Dorsalkante der Schale in ihrem hinteren Verlauf erscheint zuweilen, besonders an jungen Individuen ziemlich gradlinig abgeschnitten. — Zu beachten ist ferner wohl noch, dass der schwarze Gehirnfleck bei dieser Art fast ebenso gross auftritt als das Auge, was bei *Chydorus globosus* niemals der Fall ist. Das Postabdomen ist verhältnissmässig kurz und breit und an den Rändern der verlängerten Afterfurche jederseits mit 8—9 kurzen, aber scharfen Afterkrallen versehen.

In der Bruthöhle des weiblichen Thieres gelangen nie mehr als zwei Embryonen (vergl. Fig. 6) zur gleichzeitigen Entwicklung. In dem Wintereier-Packetchen habe ich immer nur ein Ei angetroffen.

2. Chydorus globosus.

Syn. Chydorus globosus, Baird, Brit. Entom. p. 127, Tab. XVI, Fig. 7.
Lynceus globosus, Lilljeborg, de Crust. p. 85, Tab. VII, Fig. 11.
Chydorus globosus, Schödler, die Branchiop. I. Beitr. S. 27.

Diese in ihrer Erscheinung niedliche Art habe ich im Plötzen-See und in diesem Jahre auch im Thiergarten vorgefunden. Sie ist seltener als die vorige Art und wird gegen ⅓ Millimeter lang. Die von Lilljeborg gelieferte Abbildung ist in habitueller Beziehung ganz charakteristisch; auch seine Beschreibung des Thierchens ist ausreichend und zutreffend. Dagegen liegt dem *Lynceus globosus* Leydig (l. c. p. 230) eine Verwechslung mit dem nicht identischen *Lynceus tenuirostris* des Fischer zum Grunde.

Unser Chydorus globosus hat in der That eine fast zirkelrunde Gestalt, und in der Seitenlage des Thierchens ist am Rande der Schale, wenigstens bei ausgewachsenen

Individuen, oft kaum eine Spur von gerader Abstumpfung zu erkennen. Kopfschild und Schale zeigen, wie bei der vorigen Art, eine ziemlich regelmässige, polygonale Skulptur, deren Oberfläche aber mit kleinen, schwarzen Flecken unsymmetrisch gesprenkelt („spotted with small black spots") erscheint. Die Farbe des ganzen Körpers ist rothbraun und zuweilen so stark gedunkelt, dass an frisch eingefangenen Exemplaren die zellige Skulptur der Schale äusserst schwierig zu ermitteln ist. In solchem Falle lässt sich die erforderliche Durchsichtigkeit aber mittelst Glycerin leicht herstellen.

Recht kennzeichnend für diese Art ist, wie schon oben angedeutet worden, die Bildung des Kopfes. Der sichelförmige Schnabel ist noch länger und auch stärker gekrümmt als bei *Chydorus sphaericus*. Bei ausgewachsenen Individuen überragt der Vorderrand der Schale die Schnabelspitze. Der Kopfschild ist sehr schmal und bedeckt nur die Firstkante des Schnabels; eine seitlich überdachende Wölbung (fornix) desselben ist nicht vorhanden, und die Tastantennen, wie der schwarze Gehirnfleck liegen in Folge dessen frei. Letzterer ist viereckig geformt, viel kleiner als das Auge und 3 bis 4 mal so weit von der Schnabelspitze als vom Auge entfernt.

Das Postabdomen ist länger und auch nicht so breit, als bei den verwandten Arten. Es ist an seiner Dorsalkante, in der Aftergegend, stark ausgebuchtet und trägt am Rande der verlängerten Afterfurche jederseits eine Reihe von 18—24 Afterkrallen und in geringer Entfernung von diesen noch eine Leiste äusserst fein gestrichelter Zähnchen. Die beiden Endklauen sind auf ihrer concaven Kante fein gezähnelt und auch auf der vorderen oder Bauchkante des Postabdomens sind drei anliegende Zähnchen wahrzunehmen.

3. Chydorus nitidus, n. sp.
Hierzu Fig. 1—4 auf Taf. I.

Diese zierliche neue Art habe ich in zahlreicher Menge in einigen Torfgräben in der Jungfernhaide gefunden. Sie wird kaum ¼ Millimeter lang, zeigt eine blasshorngelbe bis gelbrothe Färbung und gleicht der vorigen in ihrer cirkelrunden Gestalt. Die Oberfläche der Schale ist glatt und gleichmässig fein punktirt, wie in Fig. 1 und 3 angedeutet worden. Von einer zelligen, wabigen Schalen-Skulptur ist keine Spur zu entdecken. In der Kopfbildung gleicht sie dem Chydorus sphaericus; doch ist der schwarze Gehirnfleck viel kleiner als das Auge, und von der Schnabelspitze viel weiter als vom Auge entfernt. Das Postabdomen (Fig. 2.) verbreitet sich nach dem freien Ende zu und ist längs der verlängerten Afterfurche jederseits mit 10—12 kleinen Afterkrallen besetzt. — Tastantennen und Oberlippe (Fig. 4) sind von ähnlicher Beschaffenheit, wie bei *Chydorus sphaericus*. — Der Wimpernbesatz des Schalenrandes erstreckt sich auch auf den Hinterrand. — Die Anzahl der Embryonen in der Bruthöhle ist wie bei *Chydorus sphaericus*.

15

4. Chydorus caelatus n. sp.

Unsern Fig. 44 auf Taf. 11.

Syn. Chydorus aduncus, Schödler, Branchiop. I. Beitr. S. 27.

Auch dieser punktförmige *Chydorus* ist, wie bereits angedeutet worden, eine von den vorigen Arten gut unterschiedene, neue Species. Ich fand ihn ziemlich häufig in den Upstallgräben hinter Rixdorf und zwar in Gesellschaft von *Chydorus sphaericus, Scapholeberis obtusa*[10]) und *Ceriodaphnia rotunda.* Er übertrifft den Chydorus nitidus nur selten an Grösse, ist ziemlich durchsichtig und in der Regel von weingelber Färbung. Die Oberfläche seiner Schale ist, in gleicher Richtung mit dem Rande (vergl. Fig. 44), mit reihenweis gestellten, ovalen Buckelchen bedeckt, welche durchscheinend sind und besonders an der unteren Partie der Schalenklappen leicht wahrzunehmen sind. Von gleicher Beschaffenheit, aber schwieriger zu erkennen, ist die Oberfläche des Kopfschildes. Ich bemerke ausdrücklich, dass eine Verwechslung mit der gewöhnlichen feinen Punktirung der Schalenoberfläche, welche Leydig von „den Innenraum der Schalenklappen durchsetzenden kleinen Stützbalken" bedingt sein lässt, hier nicht vorliegt. Diese feine Punktirung ist auch hier noch zwischen jenen buckelartigen Verzierungen deutlich wahrzunehmen. — In der Bildung des Kopfes, sowie im Umrisse der Schale zeigt unser *Chydorus caelatus* sonst grosse Analogie mit dem *Chydorus sphaericus.* Auch bei ihm ist der einwärts umgebogene und deutlich bewimperte Unterrand in seinem hinteren Verlauf gradlinig abgestumpft und geht unter einem stumpfen Winkel in den ebenfalls gradlinig abgeschnittenen Hinterrand über, wie dies bei jungen *Chydorus sphaericus* der Fall ist. — Die eben erwähnte Schalencontur hatte mich verleitet, die vorliegende Art früher für identisch mit dem *Monoculus aduncus* des Jurine zu halten, welcher uns weiter unten in unserem *Pleuroxus aduncus* begegnen wird. — Tast- und Ruderantennen sind im Ganzen wie bei *Chydorus sphaericus* und werden auch hier vom seitlichen Kopfschilde überdacht. Der schwarze rundliche Gehirnfleck ist merklich kleiner als das Auge und liegt diesem näher als der Schnabelspitze.

Der Gattung angehörig sind ferner noch die fremden Arten:

[5.] Chydorus latifrons.

Syn. Lynceus latifrons, Dana, Crustacea, Part II. p. 1274, pl. 89, Fig. 7a und b.

Diese an *Chydorus sphaericus* erinnernde Art fand Dana mit *Ceriodaphnia textilis* in einem Süsswasser-Pfuhl bei Vanua Lebu, Feejee Island. Sie scheint nach der Dar-

---

[10]) Zu *Scapholeberis obtusa* sei mir hier die berichtigende Bemerkung erlaubt, dass dieselbe, wie auch *Scapholeberis mucronata* und *cornuta*, an den Ruderantennen durchweg mit fein gefiederten Ruderborsten (nicht mit ungefiederten, wie in meinem I. Beitrage S. 95 irrthümlich angegeben worden) ausgerüstet ist.

stellung Dana's sich durch einen kürzeren Schnabel und namentlich durch die (in der Benennung hervorgehobene) sehr auffällige, seitliche Ueberdachung des Kopfschildes vom Chydorus sphaericus zu unterscheiden.

Ebenso muss ich hier die Berechtigung der Zugehörigkeit noch in Anspruch nehmen für die schon beiläufig genannte Lynceide:

[6.] Chydorus tenuirostris.

Syn. Lynceus tenuirostris, Fischer; über die in der Umg. v. St. Petersburg vork. Crustaceen. Mém. de l'Acad. de St. Pétersbourg, Tab. VI, S. 193, Taf. X., Fig. 5, und Bulletin de la société des nat. de Moscou 1854. S. 427, Fig. 7—10.

Diese unzweifelhaft gute Chydorus-Species, welche Fischer am Ausfluss der Newa, in schwach salzigem Wasser gefunden hat, ist am nächsten mit *Chydorus globosus* verwandt. Sie ist von diesem aber durch ihre seltsame, „entenschnabelförmige" Kopfbildung, sowie durch die Form und Skulptur der Schale so auffällig verschieden, dass zu verwundern ist, wie Liljeborg, dem der Chydorus globosus vorlag, die Identität mit diesem (vergl. Liljeborg l. c., p. 85) hat aussprechen können. Dass auch Leydig dem gleichen Irrthum anheimgefallen ist, habe ich bereits oben angeführt. — Wiewohl Fischer's Beschreibung und Abbildungen für die Diagnose des Thierchens hinlängliche Anhaltspunkte bieten, so wäre eine Wiederholung jener Beobachtung doch von grossem Interesse; da der *Chydorus tenuirostris* eine höchst bemerkenswerthe Vermittelungsform zwischen den Lynceiden-Gattungen *Chydorus* und *Alona* zu bilden scheint, andererseits aber in seinem Verhalten, wie Fischer selbst hervorhebt, einen Uebergang zur Daphnide *Acanthocercus sordidus* Liévin bekundet.

Grössere Schwierigkeit, als in den vorigen beiden Gattungen, bot sich unserer vergleichenden Betrachtung in der folgenden Gattung *Alona* dar. Diese schliesst sich, wie oben angedeutet worden, der Gattung *Chydorus* an und hat recht interessante Uebergangsformen zu den einander nahe stehenden Gattungen *Acroperus* und *Camptocercus* aufzuweisen. Letzterer Umstand hat wohl auch Dana veranlasst, mit seiner Gattung *Alona* (vergl. Dana, Crust. P. II. p. 1266) die eben genannten Gattungen Baird's zu vereinigen. Ich vermag, wie weiter unten nachgewiesen werden wird, einer solchen Vereinigung nicht das Wort zu reden; sondern kann im Gegentheil hier die Befürchtung nicht verschweigen, dass die Gattung *Alona* in ihrem vorliegenden Umfange sogar generisch heterogene Elemente in sich vereinige. Zu letzteren möchte ich, worüber spätere Untersuchungen zu entscheiden haben werden, unsere *Alona esocirostris* und den *Lynceus testudinarius* Fischer zählen.

Gatt. 3. **Alona**.

Alona, Baird, Brit. Entom. p. 128 und 181.
Alona, Dana, Crust. Part II, p. 1266.

Charakteristisch für die Gattung ist, was der Begründer derselben bereits richtig hervorhebt, die mehr oder weniger viereckige Gestaltung der Schale („Shell quadrangular-shaped"), sowie die in der Längsachse verlaufende Streifung oder Furchung derselben („groved or striated longitudinally"), wo eine solche auftritt. Sie ist nämlich nicht durchgehend vorhanden, wie die sonst gut charakterisirten Arten: *Alona spinifera* (vergl. Fig. 17 auf Taf. I), *Alona Leydigii*[10]) und *affinis* beweisen. Ebenso kann als generisches Merkmal, wenigstens den Gattungen *Chydorus*, *Peracantha* und *Pleuroxus* gegenüber, bestehen bleiben, was ebenfalls schon von Baird geltend gemacht worden ist, dass der Kopf in einen mehr oder weniger abgestumpften und vorgestreckten Schnabel („beak blunt, and nearly erect") ausläuft, wodurch die *Alona*-Arten sich eng an *Acroperus* und *Camptocercus* anschliessen. Weniger erheblich aber ist die von Baird noch hervorgehobene geringe Länge der Ruderantennen. Dagegen ist eine andere Eigenthümlichkeit derselben Organe wohl zu beachten, von welcher sich aber nur bei Fischer eine beiläufige Notiz vorfindet. Von den Aesten der Ruderantennen ist der eine, welcher seiner gewöhnlichen Haltung zu Folge als innerer zu bezeichnen ist, mit fünf gegliederten Fiederborsten ausgerüstet, während der äussere Arm deren immer nur drei (am Endgliede) aufzuweisen hat. Die Fiederborste des ersten Gliedes am fünfborstigen, innern Arm verkümmert aber oft zu einem Dorn (vergl. Fig. 20. auf Taf. I). Ferner ist an jedem Arm von den drei Borsten des Endgliedes die eine und zwar die nach aussen gerichtete, stets kürzer als die beiden anderen, und besitzt mit der mittleren dieser drei Endborsten am Hauptgelenk einen spitzen Gelenkdorn. Vergl. Fig. 20 u. 21 auf Taf. I.

Bezeichnend für die Angehörigkeit der Gattung ist ferner die Form und Bewehrung des Postabdomens. Letzteres ist in der Regel ziemlich gleich breit, nimmt oft sogar gegen das freie Ende hin an Breite zu; es ist in der Aftergegend nicht so erheblich ausgeschweift (wie bei *Chydorus*), längs der Dorsalkante (vom After abwärts) ebenfalls gefurcht und trägt ausser der Reihe von Afterkrallen, welche jederseits dem Rande der verlängerten Afterfurche aufsitzen, meist noch eine zweite, fein gestrichelte Zahnleiste oberhalb jener. An der Basis jeder Endklaue sitzt ein, meist wiederum gezähnelter Dorn.

Die fast cylindrisch gestalteten Tastantennen tragen am freien Ende einen Büschel ungleich langer, geknöpfter Tastfäden und eine zugespitzte

---

[10] Unter dieser Benennung erlaube ich mir, in der Voraussetzung freundlicher Genehmigung seitens des Entdeckers, dem *Lynceus quadrangularis* Leydig (vergl. Leydig l. c. S. 221, Taf. VIII, Fig. 59), welcher nicht identisch ist mit dem *Lynceus quadrangularis* O. F. Müller, die ihm gebührende Stellung im System anzuweisen.

zarte Borste an der äusseren Seite. — Das nur wenige Licht brechende Krystallkörper aufweisende Auge und der schwarze Gehirnfleck, welcher hier nach Form
und Grösse verschieden auftritt, liegen stets unmittelbar unter der Scheitelkante des Kopfs, wodurch die Gattung sich von Acroperus und Camptocercus auffällig unterscheidet.

Der Nahrungskanal, dem die paarigen Blindsäcke des Magens fehlen, macht in
den mittleren Leibessegmenten eine vollständige und eine halbe Windung und
scheint auch hier vor seinem Uebergange in das Postabdomen durchweg einen unpaaren Blindsack zu entsenden. Die Lage des Afters befindet sich unmittelbar
hinter dem stumpfen Vorsprunge der Dorsalkante. — Von einem „Haftorgan" ist hier
nirgends eine Spur zu entdecken; wohl aber scheint die Schalendrüse bei keiner
Art zu fehlen; sie folgt in ihrem Verlauf mehr oder weniger dem Vorderrande der
Schale.

Die Männchen dieser Gattung sind noch nicht bekannt.

Zu dieser Gattung zähle ich vorläufig zwölf Species, von denen die Berliner Fauna
sieben aufzuweisen hat. Letztere sind zunächst:

1. Alona spinifera.

Hierzu Fig. 17—19 auf Taf. I.

Syn. Alona spinifera, Schödler, Branchiop. I. Beitr. S. 28.

An dieser Lynceide habe ich zunächst meine *Alona*-Studien gemacht. Ich fand sie
zum ersten Mal im Juli 1858 in der Spree bei Treptow; doch habe ich sie später
auch im Charité-Graben angetroffen. Sie gehört zu den kleineren Arten und ist selten
mehr als ½ Millimeter lang. Die Färbung des Thierchens ist wachsgelb bis röthlich-
gelb; Schale und Kopfschild sind glatt und zeigen keine Spur irgend welcher Skulptur.
Hierin gleicht unsere *Alona* der *Alona Leydigii* und *affinis*, welche Leydig aufgefunden und näher beschrieben hat; sie unterscheidet sich aber von jener auf den ersten
Blick durch Form und Bewehrung des Postabdomens, sowie durch den Wimpernbesatz des freien Randes, welcher sich bei unserer Art nicht bloss, wie bei
Alona Leydigii, auf den Unterrand erstreckt, sondern auch am Hinterrande als
ein feiner, dichter Wimpernkranz wahrzunehmen ist. Von der ebenfalls glattschaligen
Alona affinis aber ist sie schon durch die Kopfbildung hinlänglich verschieden.

Die Rückenkante des in der Seitenlage betrachteten Thierchens ist ziemlich gleichmässig convex, der Hinterrand der Schale nur wenig abgerundet, dagegen verläuft der
Unter- und Vorderrand ziemlich gerade. Die langen Wimpern des Unterrandes sind
dicht gefiedert. — Der Schnabel des Kopfes ist stärker zugespitzt, als bei *Alona affinis*.
Der seitlich weit überragende Kopfschild (fornix) überdacht den Stamm der Ruderantennen fast gänzlich.

Der Stamm der Ruderantennen (vergl. Fig. 20) erweist sich, wie auch die Oberfläche der dreigliedrigen Aeste, mit kurzen, feinen Stachelchen besetzt. Jeder Ast

dieser Ruderorgane trägt am freien Ende einen grösseren Dorn und drei doppelt gegliederte und fein gefiederte Borsten, welche von ungleicher Länge sind, und von denen die kürzere und die mittlere derselben einen spitzen Gelenkdorn besitzt. Dieser liegt in der gestreckten Lage der Borste derselben an, ist aber in der durch Fig. 21 veranschaulichten Haltung deutlich wahrzunehmen. Ich hielt diese Gelenkdornen, welche dem ersten Gliede der Borste (wie der Dorn an einem Fangmesser) aufsitzen, bei ihrer ersten Wahrnehmung für ein specifisches Kennzeichen der Art und wählte darnach die obige Benennung. — Der äussere Ast der Ruderantennen (vergl. Fig. 20) hat am Ende des ersten Gliedes noch einen ziemlich starken, ungegliederten Dorn (d. i. die umgewandelte Fiederborste dieses Gliedes) aufzuweisen.

Die Tastantennen sind am Ende mit einem Büschel von 9—10 ziemlich gleichlangen, geknöpften Tastborsten und in einiger Entfernung vom freien Ende an der äussern Seite noch mit einer äusserst zarten, zugespitzten Borste versehen.

Der schwarze Gehirnfleck ist kleiner als das Auge, dreieckig geformt und hält seine scharfe Ecke gegen die Basis der Tastantennen gewendet. Er ist von der Schnabelspitze weiter entfernt, als vom Auge.

Das Postabdomen (Fig. 18) ist ziemlich gleich breit, am freien Ende abgerundet und trägt, wie *Alona affinis* und *sulcata*, ausser den 11—18 Afterkrallen auf der verlängerten Afterfurche, noch jederseits eine feine, gestrichelte Zahnleiste. Die beiden Endklauen desselben sind an ihrer äusseren Seite mit feinen Querriefen bedeckt, und der Dorn an ihrer Basis ist fein gezähnelt.

Die Anzahl der Embryonen, welche zur gleichzeitigen Entwicklung in die Bruthöhle gelangen, beträgt niemals mehr als zwei.

2. Alona affinis.

Syn. Lynceus affinis, Leydig, Naturgesch. d. Dapha. S. 238; Taf. IX., Fig. 68 und 69.

Diese Art, welche Leydig zuerst nachgewiesen hat, habe ich im Juli d. J. im Charité-Graben angetroffen. Sie steht der vorigen Art viel näher, als der *Alona Leydigii*; sie ist auch grösser als jene; denn sie erreicht fast eine Länge von einem Millimeter. Auch in der Färbung, die übrigens nach dem Fundorte bei diesem Thierchen merklich variirt, gleicht sie der vorigen Art. Sie unterscheidet sich jedoch von ihr durch die Bildung des Kopfes, welcher in einen viel stumpferen und mehr vorgestreckten Schnabel ausläuft. Der beilförmige Fortsatz der Oberlippe endigt in eine abgerundete Spitze. Die cylindrischen Tastantennen tragen am freien Ende einen Büschel sehr ungleicher, geknöpfter Tastborsten, unter denen sich eine am hinteren Rande und eine fast ebenso lange, etwas zugespitzte, welche unmittelbar über dem Vorderrande sitzt, besonders bemerklich machen. Ausserdem aber ist an der hintern Fläche, unweit der Basis jeder Antenne, noch eine kürzere, lanzettliche Borste wahrzunehmen.

3*

Die Ruderantennen, welche Leydig nicht näher angegeben hat, stimmen im Ganzen mit der bei *Alona spinifera* angeführten Bildung überein. An Stamm und Aesten ist auch hier eine feinstachelige Oberfläche wahrzunehmen, welche besonders an der äusseren Endkante der mittleren Glieder als hervorragender Stachelbesatz bemerkbar wird. Die Fiederborsten sind hier nach Zahl und Beschaffenheit, wie bei der vorigen Art; doch scheint die Verkümmerung der fünften Fiederborste des innern Arms noch weiter zu gehen; denn der stellvertretende Dorn des ersten Gliedes übertrifft kaum die Länge des mittleren Gliedes und lässt eine Gliederung nicht mehr erkennen. Auch glaube ich am ersten Gliede der kürzeren Endborste des innern Arms statt der Fiederung eine ähnliche, feine Zähnelung bemerkt zu haben, wie sie bei unserer *Lathonura spinosa* angetroffen wird.

Das Postabdomen entspricht in Form und Bewehrung der von Leydig gegebenen Abbildung. (Vergl. Leydig l. c. Fig. 69). Die starken Endklauen sind nicht glatt, sondern ebenfalls seitlich fein gerieft und die Kralle an der Basis ist am Grunde ebenfalls mit einigen feinen Zähnchen versehen. — Die Rückenkante der vorletzten Leibessegmente, welche die Bruthöhle nach hinten zu absperren, ist mit rückwärts gewendeten Haarpinseln besetzt. — Der freie Rand der Schale ist auf seiner ganzen Ausdehnung gewimpert. Die Wimpern des Unterrandes erweisen sich dicht gefiedert und der zarte Wimpernkranz des Hinterrandes nimmt auch hier seinen Verlauf längs der Innenfläche der Schalenklappen.

Die Anzahl der gleichzeitigen Embryonen in der Bruthöhle beträgt zwei.

3. Alona lineata.

Hierzu Fig. 28 auf Taf. I.

Syn. Lynceus lineatus, Fischer, Bulletin de la soc. des nat. de Moscou 1854. S. 439, Taf. III.
Fig. 15 und 16.
Alona lineata. Schödler, Branchiop. der Umgegend von Berlin. I. Beitr. S. 28.
Lynceus lineatus, Leydig, Naturgesch. der Daphn. S. 260.

Diese Lynceide, welche ich für identisch mit dem bei Petersburg gefundenen *Lynceus lineatus* Fisch. halte, kenne ich ebenfalls schon seit 1858 als eine Bewohnerin unserer Spree. Sie ist von strohgelber Färbung und erreicht etwa eine Länge von ½ Millimeter. Zwischen ihr und der folgenden Art besteht ein ähnliches Verwandtschaftsverhältniss, wie zwischen den beiden vorigen Arten der Gattung. Von diesen beiden unterscheidet sie sich leicht durch die der Länge nach verlaufende Streifung der Schale, die bei den mir vorliegenden Exemplaren, selbst bei solchen, welche ich schon seit Jahren in verdünntem Spiritus aufbewahre, über die ganze Schale hin zu verfolgen ist. Fischer dagegen bemerkt: „Die Oberfläche der Schale ist von ihrer Mitte an nach abwärts mit fast geraden, sehr deutlichen und hervortretenden Linien oder Streifen versehen oder gerippt." Da dem genannten Beobachter eine Veranlassung zu näherer Vergleichung nicht vorlag, so mag er die in der Dorsalfläche schwächer hervortretende Streifung wohl leicht übersehen haben. Im Uebrigen stimmen meine Aufzeichnungen mit der Beschreibung und Abbildung Fischer's gut überein. Dies gilt namentlich von Form und Bewehrung des Postabdomens, durch welches sich diese Art leicht von der folgenden unterscheiden lässt. Das Postabdomen spitzt sich gegen das freie Ende hin merklich zu; es hat unterhalb der Endklauen, welche glatt zu sein scheinen, einen stumpfwinklichen, scharfen Ausschnitt und ist am Rande der verlängerten Afterfurche jederseits mit 9—10 Afterkrallen bewehrt, welche vom After abwärts an Grösse zunehmen. — Die Rückenkante der vorletzten Leibessegmente ist mit Haarpinseln besetzt. — Die Dorsalkante der Schale ist gleichmässig und ziemlich stark convex; der Hinterrand derselben ist ebenfalls, aber unmerklicher gerundet, während der Unter- und Vorderrand ziemlich gerade vorlaufen. Der Wimpernbesatz des freien Randes verhält sich ganz wie bei der vorigen Art.

Der abwärts gerichtete Schnabel ist weniger stumpf als bei der *Alona affinis* und reicht fast bis zum Niveau des Unterrandes hinab. — Der Kopfschild überdacht die Tastantennen zur Hälfte und den Stamm der Ruderantennen ganz. Erstere sind cylindrisch, kürzer als der Schnabel und tragen ausser einem Büschel ziemlich gleich langer, geknöpfter Tastfäden, welche über die Schnabelspitze hinausragen, an der Vorderkante des freien Endes noch eine doppelt so lange,Borste von gleicher Beschaffenheit und in geringer Entfernung von derselben an der äusseren Seite eine zarte, lanzettliche Borste. — Der schwarze Gehirnfleck ist kaum halb so gross als das Auge, und ist von der Schnabelspitze etwa doppelt so weit entfernt als vom Auge.

Die Ruderantennen sind wie bei der vorigen Art; doch erschien mir die Borste des zweiten, sowie der Dorn am ersten Gliede des innern Astes hier merklich kleiner als bei *Alona affinis* und *spinifera* zu sein.

Die Anzahl der gleichzeitigen Embryonen in der Bruthöhle beträgt auch hier zwei.

4. Alona sulcata.

Hierzu Fig. 24 und 25 auf Taf. I.

Syn. Alona sulcata, Schödler, Branchiop. der Umgegend von Berlin. I. Beitr. S. 28.

Vorkommen: Spree, Plötzensee, Schifffahrtskanal und Charité-Graben.

Sie übertrifft die vorigen Arten an Grösse; denn sie wird zuweilen noch über einen Millimeter lang. In der Färbung gleicht sie den vorigen Arten; doch zeichnen sich die aus der Spree und dem See entnommenen Exemplare durch einen helleren, mehr blass weingelben Farbenton aus.

Soweit meine Erfahrungen reichen, gleicht diese interessante neue Art am meisten dem *Lynceus quadrangularis* des Liljeborg, welchen ich allein für den ächten *Lynceus quadrangularis* O. F. Müller ansehen kann. Von der schwedischen Art aber zeigt sich unser Thierchen namentlich in der Bildung der Ruderantennen und des Postabdomens verschieden. — Da ich keine Veranlassung habe, die der

Vergleichung vorliegenden Angaben Liljeborg's für ungenau zu halten, so muss ich
die Entscheidung über Identität oder Verschiedenheit beider Arten der endgültigen
Beurtheilung des schwedischen Beobachters vorbehalten. Die sorgfältigen Untersuchungen Liljeborg's, welche wohl im Ganzen als eine sehr willkommene Wiederholung der Müller'schen Forschungen betrachtet werden können, sind überhaupt gerade für die in Rede stehende Thiergruppe von ganz besonderem Interesse, und des-
halb habe ich mich durch die Unbequemlichkeit des schwedischen Textes nicht ab-
schrecken lassen, diesen mehr als die beigegebenen Abbildungen für die Vergleichung
massgebend sein zu lassen.

Die Ruderantennen der vorliegenden Art bewahren die bei den vorigen Arten
näher besprochene typische Bildung. Der äussere Ast hat drei, der innere aber
nur noch vier doppelt gegliederte Fiederborsten in gewöhnlicher Vertheilung, während
die fünfte, dem ersten Gliede aufsitzende in einen ungegliederten Dorn verkümmert ist, welcher die Länge des mittleren Gliedes nicht übertrifft. Bei dem
Lynceus quadrangularis Liljeborg dagegen sitzt 'auch an dieser Stelle eine gegliederte Fiederborste, welche aber ebenfalls durch etwas zurückbleibende Länge an obige
Verkümmerung erinnert („fem ledade och ciliserade borst, men det borstet, som sitter
på första ledet af denna grenen är något mindre, än de andra.") Die drei Endborsten
des innern, wie des äussern Arms zeigen auch hier das oben bei *Alona spinifera*
besprochene Verhalten. Das Endglied jedes Astes, sowie das erste Glied des drei-
borstigen äussern Astes trägt auch hier einen nach aussen gewendeten, kurzen Dorn.
An den Enden der einzelnen Glieder, namentlich am Mittelgliede, macht sich noch ein
ähnlicher (hier aber fünfzähliger) Stachelkranz bemerklich, wie ihn Leydig bei seinem
Lynceus quadrangularis hervorhebt.

Der schwarze Gehirnfleck ist von analoger, dreieckiger Form, wie bei *Alona
Leydigii*; die scharfe Ecke ist dem Auge zugewendet, welchem er in seiner Grösse
wenig nachsteht; während derselbe bei dem *Lynceus quadrangularis* Liljb. ziemlich
klein („temligen liten") genannt wird. Seine Entfernung von der Schnabelspitze, welche
fast bis zum Niveau des Unterrandes hinabreicht, ist fast doppelt so gross als die
vom Auge.

Die cylindrischen Tastantennen werden zur Hälfte vom überragenden Kopfschilde verdeckt; sie sind kürzer als der Schnabel und tragen am freien Ende einen
Büschel von etwa 9 ziemlich langen, die Schnabelspitze überragenden Tastfäden, welche
auch hier geknöpft und in Bezug auf Länge ungleich ausfallen. Ausserdem aber ist
jede Tastantenne noch am Ende mit einer doppelt so langen, geknöpften Borste, und
mit einer kurzen, lanzettlichen an ihrer Vorderfläche, unweit jenes Büschels, ausgerüstet.

Im Umriss der Schale zeigt das in der Seitenlage betrachtete Thier grössere
Uebereinstimmung mit *Alona lineata* als mit der ächten *Alona quadrangularis*; namentlich ist eine gleichmässige Abrundung des Hinterrandes hervorzuheben. Der
freie Schalenrand ist auf seiner ganzen Ausdehnung, also auch am Hinterrande,
wie bei *Alona spinifera*, mit einem dichten Wimpernbesatz versehen. Die langen

Wimpern des Unterrandes sind auch hier dicht gefiedert. — Die gefurchte Skulptur der Schale, nach welcher ich diese Art benannt habe, und welche in Fig. 25 veranschaulicht worden ist, unterscheidet das Thier von *Alona spinifera*, *Alona affinis* und *Alona Leydigii*. Dieselbe tritt, wie bei andern Arten, zwar unmittelbar nach der Häutung am deutlichsten hervor, bleibt jedoch auch an den mit Spiritus getödteten Thieren hinlänglich bemerkbar, und gewährt in der Seitenlage des Thieres bei hinlänglicher Vergrösserung den Eindruck von seichten Furchen, welche die Länge der Schalenklappen, mit dem Unterrande gleichlaufend, durchziehen und am leichtesten an der untern Partie der Schale wahrzunehmen sind. — Ich habe diese Art absichtlich hiernach benannt, um in dieser Benennung auf den Unterschied aufmerksam zu machen, welcher zwischen den Streifungen einer *Alona*-Schale und denjenigen besteht, wie wir sie namentlich bei den Gattungen *Acroperus*, *Camptocercus* und *Peracantha*, ganz abgesehen von der abweichenden Richtung, antreffen. Auch bei *Alona lineata* und der folgenden Art macht die Streifung der Schalenklappen einen analogen, wenn auch nicht so stark hervortretenden Eindruck; während bei jenen Gattungen die ähnliche Skulptur sich als eine erhabene, gerippte Zeichnung darstellt. Vergl. Fig. 25 mit Fig. 11 und 12 (zu *Acroperus leucocephalus* gehörig) und ebenso auch auf Taf. II. Fig. 29 und 30, welche Männchen und Weibchen von *Peracantha truncata* darstellen.

Die Schalendrüse der *Alona sulcata* gleicht in ihrem Verlauf dem entsprechenden Organ der *Alona Leydigii*. — Für derartige Untersuchungen, sowie für die Ermittelung der zarten Anhänge der Tastantennen und der feineren Structurverhältnisse überhaupt, ist sehr zu empfehlen, die frisch eingefangenen Thierchen in eine verdünnte Lösung von chromsaurem Kali zu legen. Sie sterben darin, wie es scheint, einen sanften Tod, bleiben meist frei von Verzerrungen und unerwünschten Contractionen und erlangen für die feineren Structurverhältnisse der Schale, der Wimpern und Fiederborsten meist eine recht geeignete Qualification. Bei Spiritus-Exemplaren ist es für manche Verhältnisse gerathen, sie zuvor durch ein Glycerin-Bad passiren zu lassen.

Es bleibt uns noch übrig, der Beschaffenheit des Postabdomens zu gedenken, durch welches unser Thierchen sich sowohl von *Alona lineata*, wie von unserer *Alona quadrangularis* und der folgenden Art unterscheidet. Das Postabdomen ist weder so schlank, noch fast gleich breit („nästan jemnbred"), wie bei dem *Lynceus quadrangularis* Liljb., sondern verbreitert sich merklich (vergl. Fig. 24) gegen das Ende, und hat auf der verlängerten Afterfurche (sulcus analis) jederseits eine Reihe von 13 Afterkrallen aufzuweisen, welche dem Rande ziemlich gerade aufsitzen und in der Mitte dieser Reihe am grössten sind. Unmittelbar über diesen Krallen wird auch bei dieser Art jederseits noch eine Leiste feiner, deutlich gestreifter Zähnchen wahrgenommen. — Durch diese Bewehrung, sowie durch die nicht zugespitzte Form des Postabdomens unterscheidet sich die *Alona sulcata* deutlich von der *Alona lineata*, bei welcher die obere Zahnleiste fehlt, und deren Postabdomen sich sehr bemerklich zuspitzt. Letzteres tritt noch auffälliger bei der folgenden Art hervor, welche dadurch einen bemerkenswerthen Uebergang zu den *Camptocercus*-Arten vermittelt. Vergl. die zur folgenden Art gehörige Fig. 10 auf Taf. I mit den Fig. 39, 42 und 43 auf Taf. II, welche letztere die Postabdomina von drei *Camptocercus*-Arten darstellen.

Endlich sei noch bemerkt, dass die Dorsalkante der vorletzten Leibes-Segmente auch hier mit rückwärts gewendeten Haarpinseln besetzt ist.

In der Bruthöhle traf ich bald zwei, bald vier Embryonen an.

5. Alona camptocercoïdes.

Hierzu Fig. 8—10 auf Taf. I.

Syn. Camptocercus alonoïdes, Schödler, die Branchiop. der Umgegend von Berlin. I. Beitr. S. 27.

In vorstehender Umkehrung der früher gewählten Benennung ist dieser Lynceide ohne Zweifel der gebührende Platz angewiesen. Ich fand das in seinem Habitus an die vorige Art, sowie an *Alona quadrangularis* erinnernde Thier in zwei Exemplaren im Juli 1858 im Thiergarten und zwar in einem stagnirenden, mit Lemnaceen dicht bedeckten Teiche. Seines langgestreckten und zugespitzten Postabdomens wegen glaubte ich damals, in ihm einen neuen *Camptocercus* entdeckt zu haben, und ich habe es daher als solchen im ersten Bericht aufgeführt. Meine Einsicht in den Charakter der letzteren Gattung hat jedoch seitdem eine wesentliche Förderung dadurch erfahren, dass ich ausser dem alten *Camptocercus macrourus* (Müller) noch drei neue, gut unterschiedene Arten bei uns aufgefunden habe, deren Vergleichung die vorstehende Verweisung unseres Thierchens aus der Gattung *Camptocercus* erforderte.

Die *Alona camptocercoïdes* ist von intensiv rothgelber Färbung und wird gegen ¾ Millimeter lang. Beide Exemplare waren Weibchen, von denen das eine zwei Embryonen von rothbraunem Aussehen in der Bruthöhle trug.

Die Bildung des Kopfes, welche an *Alona lineata* und *sulcata* erinnert und in Fig. 9 correct wiedergegeben ist, ferner die unmittelbar unter der Scheitelkante befindliche Lage des Auges und des schwarzen Gehirnflecks, sowie die in der Längsachse der Schalenklappen verlaufende Streifung der Schale bekunden hinlänglich die Physiognomie der Gattung *Alona*. Durch die mehr langgestreckte und merklich zugespitzte Form des Postabdomens (Fig. 10) bildet diese Art, wie bereits ausgesprochen, einen unverkennbaren Uebergang von der *Alona lineata* zur Gattung *Camptocercus*. Dem Postabdomen fehlt die obere, feine Zahnleiste; am Rande der verlängerten Afterfurche ist es jederseits mit 11—13 Afterkrallen besetzt, die vom After abwärts, wie bei *Alona lineata*, an Grösse zunehmen. An den Endklauen sitzt, wie bei den verwandten Arten, ein kurzer Dorn.

Der schwarze Gehirnfleck ist merklich kleiner als das Auge und liegt diesem näher als der Schnabelspitze.

Die Streifung der Schale macht auch hier den Eindruck seichter Furchungen, und auch dadurch wird die Zugehörigkeit zur Gattung *Alona* bekundet.

Ueber die nähere Beschaffenheit der Ruderantennen geben meine frühern Aufzeichnungen leider nicht hinlängliche Auskunft; indem zur Zeit jener Aufzeichnungen meine Aufmerksamkeit weder auf die oben berührte Ungleichheit der drei Endborsten, noch auf das Vorkommen jener charakteristischen Gelenkdornen gerichtet war.

Der Wimpernbesatz der Schale erstreckt sich, wie bei den vorigen Arten, auf die ganze Ausdehnung des freien Randes und nimmt am Hinterrande ebenfalls seinen Verlauf längs der innern Fläche der Schalenklappen.

6. Alona reticulata.

Hierzu Fig. 57 und 58 auf Taf. III.

Syn. Alona reticulata, Baird, Brit. Entom. p. 132, tab. XVI. fig. 8.
    Alona reticulata, Schödler: D. Lynceiden u. Polyphem. d. Umg. v. Berlin. A. a. O. S. 24.

Den erfreulichen Fund dieser äusserst zierlichen *Alona* von kaum ⅓ Millimeter Länge verdanke ich der Freundlichkeit eines meiner Schüler, des Primaners Edel, welcher mir im Juli d. J. aus einem stehenden Gewässer im Grunewald ein Fläschchen mit Wasser mitbrachte. Das Thierchen befand sich hier in der Gesellschaft von *Simocephalus congener*, *Ceriodaphnia rotunda*, *Chydorus sphaericus* und *Pleuroxus excisus*.

Die Bekanntschaft dieses Thierchens habe ich mit grosser Freude begrüsst, weil mir dadurch Gelegenheit geboten wird, die vielfach angezweifelte Species-Berechtigung desselben nachweisen zu können. — Sie gehört zu den kleinsten, bis jetzt ermittelten Lynceiden und weicht im Habitus ganz erheblich von der folgenden Art, sowie von dem *Lynceus testudinarius* Fisch. ab. — Colorit weisslich-grau. Schale der Länge nach gestreift; zwischen den Streifen mit rautenförmigen, nicht schraffirten Felderchen dicht getäfelt und wenig durchsichtig. Hinterrand flach convex; untere Ecke ohne Zackenbesatz; Unterrand nur wenig ausgeschweift. Tastantennen mit 10 ungleichen, geknöpften Tastfäden am freien Ende und einer lanzettlichen Borste an der vorderen Fläche. Ruderantennen: äusserer Ast mit 3 Fiederborsten und einem Dorn am letzten und einem Dorn am ersten Gliede; innerer Ast mit 3 Fiederborsten und einem Dorn am freien Ende, mit einer Fiederborste am Mittelgliede und einem Dorn am ersten Gliede. Postabdomen gleich breit, abgerundet und jederseits mit 9—10 Afterkrallen besetzt; nach Baird dagegen: „rather tapering towards the extremity."

7. Alona esocirostris.

Hierzu Fig. 26 und 27 auf Taf. I.

Syn. Alona esocirostris, Schödler, die Branchiop. der Umgegend von Berlin. I. Beitr. S. 28.
    ? Lynceus reticulatus, Lilljeborg, De Crustac. p. 88, tab. VII, Fig. 6 und 7.
    ? Lynceus reticulatus, Leydig, Naturgesch. der Daphniden. S. 299.

Ueber diese Art vermag ich leider nicht hinlängliche Auskunft zu geben. Ich fand das Thierchen im Spätsommer 1846 in zwei Exemplaren im Thiergarten und entwarf damals die in Fig. 26 und 27 wiedergegebenen Zeichnungen. In der Erwartung weiteren Beobachtungsmaterials versuchte ich, wie ich dies schon mehrfach mit gutem Erfolg ausgeführt hatte, mir den seltsamen Fund durch ein Präparat in verdünnter Zuckerlösung zu conserviren, was mir aber leider missglückte. Ich habe seitdem wie-

4

derholentlich, aber zu meinem Verdruss bis jetzt immer vergeblich, nach dem Thierchen gesucht. Die inzwischen vorgeschrittene Regulirung der Thiergarten-Gräben, so willkommen sie auch sonst erscheinen mag, hat meiner Entomostraceen-Ausbeute an diesen Lokalitäten überhaupt erheblichen Eintrag gethan.

Das beobachtete Individuum war ein Weibchen mit einem Embryo in der Bruthöhle und hatte eine Länge von etwa $\frac{1}{3}$ Millimeter. Dasselbe stimmt im Habitus und in der Skulptur der Schale, welche in Fig. 26 in ganz entsprechender Weise wiedergegeben worden ist, im Ganzen mit dem *Lynceus testudinarius* Fischer überein. Die Retikulation der Schale ist jedoch, wie ich aus meinen Notizen und an dem Präparate, welches dafür allerdings noch brauchbar ist, ersehe, zum Theil derjenigen analog, wie sie bei den meisten [12]) *Ceriodaphnia*-Arten vorkommt. Die Schale ist aber hier der Länge nach gerieft, und der Zwischenraum dieser Längsriefen ist vorwiegend mit rechteckigen oder rautigen Felderchen ausgefüllt; er erscheint jedoch in der Seitenlage des Thierchens an den mehr ausgebuchteten Partien der Schale, namentlich auf der Dorsalfläche, und auch auf dem Kopfschilde mit unregelmässig polygonaler Zeichnung bedeckt.

Ausser diesen sieben Berliner Arten stelle ich zu dieser Gattung noch folgende fünf: [13])

[8.] Alona quadrangularis.

Syn. Lynceus quadrangularis, O. F. Müller, Entom. p. 72, tab. IX, Fig. 1—3.
Lynceus quadrangularis, Liiljeborg, De Crust. p. 76, Tab. VI, Fig. 8.
Lynceus quadrangularis, Fischer, Ueber die Branchiopod. Mém. de l'Acad. VI., S. 189, Taf. IX, Fig. 3—6.

Als nicht sicher erwiesen ist die in der Benennung vorliegende Identität zu bezeichnen bei:

Alona quadrangularis, Baird, British Entom. p. 131, Tab. XVI, Fig. 4.
Lynceus quadrangularis, M. Edwards, Hist. nat. des Crust. III., 388.
Lynceus quadrangularis, Koch, Deutschl. Crust. H. 86, Taf. 15.
Lynceus quadrangularis, Liévin, Die Branchiop. der Danziger Umgegend. S. 40, Taf. X, Fig. 6 und 7.
Lynceus quadrangularis, Tóth, Verz. der Rot. und Daphnien um Pesth-Ofen. Verh. der k. k. bot.-zool. Ges. in Wien. XI. (1861), p. 184.

---

[12]) Die Retikulation der Schale ist nicht bei allen Arten der Gattung *Ceriodaphnia* übereinstimmend. Ich habe in diesem Sommer für diese Gattung einen dritten Repräsentanten in unserer Fauna vorgefunden, der, wie ich glaube, grösseres Anrecht auf den Namen der ebenfalls vielfach verkannten *Daphnia quadrangula* O. F. Müller geltend machen kann, als alle die vielen *Daphnia quadrangula* aut., welche die Daphniden-Literatur aufzuweisen hat. Ueber diese ächte *Ceriodaphnia quadrangula* (Müller), deren Schale dieselbe Skulptur besitzt, wie unser *Simocephalus vetulus*, werde ich an einem andern Orte etwas Näheres beibringen.

[13]) Von den vier australischen *Alona*-Arten, welche King in den Proceedings of the Royal society of Van Diemensland, January 1853 beschrieben hat, habe ich leider keine Kenntniss erlangen können, weil mir die vorgenannte Zeitschrift bis jetzt unzugänglig geblieben ist.

Wenn die Synonymie der von Fischer beobachteten Art, wie ich glaube, begründet sein sollte, so wäre damit die oben hervorgehobene Gelenkdorn-Bewehrung an den Ruderborsten auch für die *Alona quadrangularis* als erwiesen zu erachten; da auch Fischer an seinem *Lynceus quadrangularis*, wenigstens an dem einen Arm und zwar an dem fünfborstigen bei zwei Borsten einen solchen Gelenkdorn wahrgenommen hat. Von einer Ungleichheit in der Länge der drei Endborsten findet sich aber bei keinem meiner Vorgänger eine Notiz.

[9] Alona Leydigii.[14])

Syn. Lynceus quadrangularis, Leydig, Naturg. d. Daphn. S. 221, Taf. VIII., Fig. 59.

Sie bildet eine sehr gut characterisirte Species, die sich unmittelbar an *Alona spinifera* und *affinis* anschliesst, und von Leydig in trüben Lachen bei Tübingen aufgefunden und ausführlich beschrieben worden ist. Indem ich auf jene Beschreibung verweise, erinnere ich hier nur nochmals daran, dass die *Alona Leydigii* sich durch den mehr vorgestreckten Kopf, sowie durch die abweichende Bildung des Postabdomens und durch den wimpernlosen, ziemlich abgestumpften Hinterrand ihrer ebenfalls glatten Schale sehr bestimmt von den beiden verwandten Arten unterscheidet.

[10.] Alona socors.

Syn. Lynceus socors, O. F. Müller: Entom. p. 77. tab. XI., fig. 1—5.
Lynceus socors, M. Edwards: Hist. nat. des Crustacés T. III., p. 388.

Diese Art ist bis jetzt nur von Müller beobachtet worden. Warum alle späteren Bearbeiter der Lynceiden gerade diese Art einzig und allein der Vergessenheit anheim fallen liessen, ist mir nicht erklärlich. Nach Müller's Angaben und Abbildungen scheint sie im Habitus der *Alona quadrangularis* nahe verwandt zu sein; in der Bildung der Schale aber, welche Müller eine „testa pellucida, ovata, absque striis, ciliis aut denticulis" nennt, schliesst sie sich der *Alona spinifera* und *affinis* an.

[11.] Alona ovata.

Syn. Alona ovata, Baird: Brit. Entom. p. 135, tab. XVI., fig. 2.
Lynceus ovatus, Leydig, Naturg. d. Daphnid. S. 229.

Die Schale dieser bisher nur in England beobachteten Art ist eiförmig und mit wellig gebogenen Längsstreifen überzogen. Der Schnabel des Kopfes ist stumpf, aber mehr vorgestreckt, als bei *Alona lineata*, welcher sie sonst nahe zu stehen scheint.

---

14) Vergl. S. 17 Anm. 10.

4*

[12.] Alona testudinaria.

Syn. Lynceus testudinarius, F i s c h e r. Ueber die Branch. u. Entom. in d. U. von St. Peters-
burg, Mém. de l'Acad. VI. S. 191. Taf. IX. Fig. 12.
Lynceus testudinarius, L e y d i g, Naturg. d. Daphniden S. 229.
? Lynceus testudinarius, L i l l j e b o r g, De Crust. p. 84, tab. VII., fig. 8.

Sie unterscheidet sich von unserer *Alona esocirostris* durch eine viel plumpere
Kopfbildung und hat über der Reihe der Afterkrallen am Postabdomen eine zweite
Zahnleiste aufzuweisen, von welcher ich bei *Al. esocirostris* nichts bemerkt habe. Mehr
als eine blosse Eigenthümlichkeit der Art aber würde vielleicht in dem einfachen Ver-
lauf des Darmkanals zu finden sein, wenn wirklich, wie F i s c h e r angiebt, nur eine
Darmschlinge vorhanden sein sollte. Der *Lynceus testudinarius* L i l l j e b. aber unter-
scheidet sich von derselben durch einen noch plumperen Kopf, durch viel schlankeren
Schalenbau, sowie durch die doppelte Anzahl von Zacken an der hinteren, unteren
Schalenecke.

Gatt. 4. Acroperus.

Acroperus, B a i r d: British Entomostraca p. 123.

Diese Gattung schliesst sich, wie bereits angedeutet worden, eng an die vorhergehende an; sie hat aber auch wieder so hervortretende Uebergänge zur folgenden
aufzuweisen, dass es bei dem zeitigen Stande unserer Species-Kenntniss in der That
schwer hält, die Abgrenzung der Gattung scharf einzuhalten. In Folge dessen vereinigt
auch D a n a, welcher die Nothwendigkeit einer generischen Sonderung unter den Lynceiden anerkennt, die Gattungen *Acroperus* und *Camptocercus* wieder mit der vorhergehenden; indem er bis zur Auffindung besserer Anhaltspunkte für die Unterscheidung
auf die Aehnlichkeit in Form und Richtung des Rostrums hinweist.[15] Letztere ist in
der That, wenigstens den Gattungen *Chydorus*, *Peracantha* und *Pleuroxus* gegenüber,
ein ganz brauchbares Kennzeichen. — Noch zutreffender aber ist meines Erachtens,
was L i l l j e b o r g in einer beiläufigen Bemerkung ausspricht,[16] indem er seinen hierher
gehörigen *Lynceus striatus* und den *Lynceus macrourus* Müll. wegen der zusam-
mengepressten Form der Schale (på grund af skalets hoptryckta form) zur Aufstel-
lung einer neuen Gattung geeignet hält. Gleichwohl muss ich mich auch gegen die
Gattungs-Gemeinschaft dieser beiden Arten aussprechen. Die nähere Vergleichung der
Acroperus- und *Camptocercus*-Arten soll dies rechtfertigen.

Von der Dorsalseite aus betrachtet, zeigen die *Acroperus*-Arten den k a h n f ö r m i -
g e n L y n c e i d e n - T y p u s noch schärfer ausgeprägt, als dies bei *Eurycercus* und

---

15) Vergl. J a m e s D. D a n a: Crustacea, Part. II, p. 1266.
16) Vergl. L i l l j e b o r g: De Crustaceis et ord. tribus: Cladocera etc. p. 69. Anm.

Alona der Fall war. Sie werden darin aber noch von den Arten der folgenden Gattung übertroffen. In der Seitenlage der Thierchen ist die Gestalt im Allgemeinen als eine mehr oder weniger eiförmige zu bezeichnen. Der Kopf ist verhältnismässig gross; er läuft in einen schräg abwärts gerichteten, mehr oder weniger stumpfen Schnabel aus und gewinnt in Folge starker, seitlicher Zusammendrückung oft einen sehr auffälligen Scheitelkamm. In letzterem Falle liegt das Auge und der schwarze Gehirnfleck von der Scheitelkante weit entfernt. Der gewöhnlich glashelle, ungerippte Kopfschild überdacht jederseits den Stamm der Ruderantennen und einen Theil der Tastantennen. Diese selbst sind fast cylindrisch und ziemlich lang; sie überragen mit dem Bündel ihrer ungleichen, geknöpften Tastborsten die Rüsselspitze und tragen etwa in der Mitte der äusseren Fläche eine lange, ebenfalls geknöpfte Borste, welche an Länge den Tastantennen gleichkommt. — Der schwarze Gehirnfleck variirt in Form und Grösse bei den einzelnen Arten.

Die Ruderantennen sind verhältnismässig lang und reichen, um die stark vorspringende Vorderecke der Schalenklappen gelegt, zuweilen mit ihren langen Fiederborsten bis zur hinteren Schalenecke. Jeder der beiden dreigliedrigen Aeste trägt am freien Ende einen kurzen Dorn und drei gleich lange, doppelt gegliederte Fiederborsten; das erste und mittlere Glied des äusseren Arms hat statt der Fiederborsten in der Regel nur noch je eine steife, ungegliederte Borste oder einen Dorn aufzuweisen.

Die Schale ist bei allen bis jetzt ermittelten Arten mit einer deutlich gerippten Skulptur versehen, welche von hinten nach vorn, aber in schräg aufwärts gewendeter Richtung verläuft (vergl. Fig. 11 und 12 auf Taf. I.) und in dem vorderen, sehr ausgeweiteten Theil der Schalenklappen in stark geschwungener Richtung dem Verlauf des Vorderrandes folgt. An dieser Schalen-Skulptur lassen sich die *Acroperus*-Arten leicht und sicher von den Arten der vorhergehenden Gattung unterscheiden. Ebenso ist die grössere Durchsichtigkeit und die Form der Schalenklappen, deren Unterrand stets erheblich ausgebuchtet auftritt, der Gattung *Alona* gegenüber geltend zu machen. Der Wimpernkranz des freien Randes bleibt auf den Vorder- und Unterrand der Schale beschränkt. Die hintere untere Schalenecke ist, wie bei der folgenden Gattung, mit einem oder mehreren rückwärts gerichteten Zacken- versehen. — Die Oberlippe trägt einen beilförmigen, stumpfeckigen Fortsatz.

Der Nahrungskanal, dem die vorderen, paarigen Blindsäcke ebenfalls fehlen, macht in den mittleren Leibessegmenten eine und eine halbe Umwindung und verläuft dann längs der Dorsalseite; vor seinem Uebergange in das Postabdomen entsendet er noch einen ziemlich langen, grimmdarmähnlich eingeschnürten Blindsack nach vorn und endigt unmittelbar hinter dem stumpfwinkligen Vorsprunge der Dorsalkante des Postabdomens.[17]

---

[17] Die abweichende, unmittelbar unter den Endklauen befindliche Lage des Afters, welche Lilljeborg [l. c. p. 88, tab. VII, fig. 5] bei seinem *Lynceus striatus* angiebt, mag wohl auf einem Irrthum beruhen. Nach meinen Wahrnehmungen ist eine solche Lage des Afters nur bei *Eurycercus* vorhanden.

Das Postabdomen ist ziemlich gleich breit und stets kürzer als bei der folgenden Gattung. Es ist vom After abwärts längs der Dorsalkante gefurcht und unterhalb der langen Endklauen mit einem tiefen Ausschnitte versehen. Ihm fehlt die Reihe der Afterkrallen, womit die Ränder der verlängerten Afterfurche bei den verwandten Gattungen bewehrt sind, in der Regel gänzlich; dagegen ist die obere, seitliche Zahnleiste verhältnissmässig stark entwickelt. — Die beiden Schwanzborsten sind der ganzen Länge nach fein gefiedert.

Die Schalendrüse, welche keiner Art zu fehlen scheint, steigt unweit des Vorderrandes, vor dem Herzen bis zur Dorsalkante hinauf. — Ein Haftorgan ist nicht vorhanden.

Zu dieser Gattung, welche in beiden Geschlechtern bekannt ist, gehören fünf Species. Die mir bekannte, bei uns vorkommende Art ist:

1. Acroperus leucocephalus.

Hieran Fig. 11—16 auf Taf. I.

Syn. Lynceus leucocephalus, **Koch**: Deutschlands Crust., Myriapoden etc. H. 36, Taf. 10.
Lynceus leucocephalus, **Fischer**: Ergänzungen, Berichtigungen und Fortsetzung zu der Abh. über d. in d. Umg. v. St. Petersburg vork. Crustaceen. Mém. des Sav. étrangers. T. VII. S. 11, Taf. III, Fig. VI—IX.
Acroperus leucocephalus, **Schödler**: Die Branchiopoden der Umgegend von Berlin. I. Beitr. S. 27.
Lynceus leucocephalus, **Leydig**: Naturg. d. Daphniden. S. 218, Taf. IX, Fig. 64 und 65.
Acroperus leucocephalus, **Schödler**: Die Lynceiden und Polyphemiden der Umgeg. von Berlin. Im Jahresbericht der Dorotheenst. Realschule 1862. S. 24.

Das Thierchen ist ein häufiger Bewohner unserer Spree und Seen und weilt namentlich an sonnigen Sommertagen gern längere Zeit auf der Oberfläche der Gewässer, auf welcher es, wie die *Eurycercus-* und *Camptocercus*-Arten, in der Seitenlage behaglich ruhend umhertreibt. Es gehört zu den kleineren Arten und erreicht selten mehr als ½ Millimeter Länge. — Bemerkenswerth ist die Lebenszähigkeit dieser Art; denn obgleich nur in klaren Gewässern vorkommend, überdauert sie in der Gefangenschaft doch die meisten ihr verwandten Formen unter Bedingungen, denen andere Lynceiden unterliegen.

Ich bedaure, dass ich die auf Taf. I. in Fig. 11—16 gegebenen und schon vor Jahren entworfenen Abbildungen nicht durch stärker vergrösserte und noch correcter gehaltene, wie sie mir gegenwärtig vorliegen, habe ersetzen können, um dadurch die oben angegebene Identität unseres Thierchens mit dem *Lynceus leucocephalus* Leydig und Fischer noch augenfälliger erscheinen zu lassen. Vielleicht findet sich dazu später einmal Gelegenheit. Ersterem Autor gebührt das Verdienst, auf die Arten-Vermengung, wie sie hier bisher vorlag, zuerst aufmerksam gemacht zu haben.

In der äusseren Form gleicht unser *Acroperus leucocephalus* am meisten der folgenden Art, mit welcher er, wie vielfach geschehen, leicht verwechselt werden kann.

Sein· stark zusammengedrückter Habitus ist am besten von der Dorsalseite aus wahrzunehmen; namentlich erscheint dann der äusserst hohe, abgerundete Kopfschild zu
einem dünnen, glashellen Kopfhelm zusammengepresst. Während die ganze Oberfläche
der Schalen (Taf. I, Fig. 11) mit schräg aufwärts verlaufenden Streifen überzogen ist,
welche hier aber stets hervorragende Leisten bilden und nicht Furchen, wie bei mehreren Arten der vorigen Gattung, so erweist sich in der Seitenlage des Thiers der
durchsichtige Kopfschild durchweg ohne Skulptur, aber mit einer feinen Punktirung
versehen, welche Leydig für „Enden der Stützfasern" hält. Das Auge und der
schwarze Gehirnfleck liegen in Folge der hohen Kopfhelmbildung sehr weit von der
Scheitelkante entfernt. Der Gehirnfleck ist kleiner als das mit Krystallkörpern versehene Auge, und von der Schnabelspitze doppelt so weit entfernt als vom Auge.

Die fast cylindrischen Tastantennen, welche zum Theil von dem Fornix des Kopfschildes (Fig. 11) überdeckt werden, überragen mit dem Büschel ihrer geknöpften Tastborsten die Schnabelspitze und sind mit ihrer äusseren und hinteren Fläche noch mit
zwei zarten, ungleichen Borsten versehen. Von diesen ist (vergl. Fig. 11 und 14) die
äussere ebenfalls geknöpft und etwa von gleicher· Länge, als die hervorragende Borste
des Endbüschels.

Die Ruderantennen, welche in Fig. 11 und 14 zu kurz wiedergegeben sind,
tragen am freien Ende des inneren und äusseren Astes drei doppelt gegliederte,
gleiche, äusserst lange Fiederborsten und einen kurzen Dorn; am Basal- und Mittelgliede des äusseren Astes aber ausserdem je eine kürzere, ungegliederte steife Borste.

Der freie Unterrand der Schale ist bewimpert, in der Mitte stark ausgeschweift
und an der hinteren Ecke mit zwei oder drei rückwärts gewendeten, kleinen Stacheln
bewaffnet. Der freie Hinterrand ist in seinem oberen Verlauf etwas schräg abgestumpft. — Die schrägen Leisten der Schalenoberfläche verlaufen zuweilen kreuzweise
(Fig. 12) oder auch gabelförmig in einander.

Das Postabdomen (Fig. 13) ist verhältnissmässig lang und ziemlich gleich breit;
es ist von den Seiten stark zusammengedrückt und auf seiner hinteren oder Dorsalkante vom After abwärts flach gefurcht. — Die Ränder der verlängerten Afterfurche
sind nicht mit Afterkrallen bewehrt; dagegen ist die obere seitliche Zahnleiste, welche
wir bereits bei mehreren Alona-Arten anzuführen hatten, hier stark entwickelt. Dieselbe zählt jederseits 11—13 breite, der Länge nach gestreifte und am hinteren Rande
gezackte Zähnchen, welche vom After abwärts an Grösse zunehmen. — Die beiden
Endklauen des Postabdomens sind ziemlich gerade und tragen an ihrer Unterfläche
zwei starke secundäre Dornen und zwischen diesen eine feine Zähnelung. — Vor dem
Ausschnitt des freien Endes endlich steht ein Haarbüschel. Ebenso sind die den Brutraum absperrenden Segmente des Abdomens mit kurzen Haargarnirungen besetzt.

Der Darmkanal zeigt die oben angegebene Bildung und endet unweit der Schwanzborsten, wie bei dei den meisten Lynceiden (also nicht am freien Ende, wie bei Eurycercus lamellatus).

Die Beine entsprechen in ihrer Bildung bis auf unerhebliche Abweichungen dem oben angedeuteten, allgemeinen Typus; sie tragen ebenfalls sehr schmale Kiemen beutelchen.

Die Embryonen in der Bruthöhle, deren Anzahl gewöhnlich zwei beträgt, sind verhältnissmässig gross und von grünlicher Farbe.

Anderweitig aufgefundene Arten derselben Gattung sind noch:

[2.] Acroperus striatus.

Syn. Monoculus striatus, Jurine: Hist. des Mon. p. 154, Pl. XVI, Fig. 1 und 2.
Lynceus striatus, M. Edwards: Hist. nat. des Crust. III, p. 457.
?Lynceus striatus, Liévin: Die Branchiop. d. Danz. Geg. S. 41, Taf. X, Fig. 8 und 9.
?Lynceus striatus, Lilljeborg: De Crustaceis etc. p. 88, Tab. VII, Fig. 5.
?Lynceus striatus, Leydig: Naturg. d. Daphniden p. 215, Taf. VIII, Fig. 58.

In Betreff dieser Art muss ich bemerken, dass keine der späteren Beschreibungen und Abbildungen mit dem *Monoculus striatus* Jur. genau übereinstimmt. Nach Leydig[18] passt die von ihm „mit dem Namen *Lynceus striatus* belegte Art einzig und allein, aber auch mit aller Sicherheit auf Liévin's *Lynceus striatus.*" Demnach würden auch beide auf die Benennung der älteren Jurine'schen Art keinen Anspruch haben. Ebenso verhält es sich nach meinem Dafürhalten mit der von Lilljeborg beobachteten Art, welche ich weder mit unserem *Acroperus leucocephalus,* noch mit dem *Lynceus striatus* Leyd. in Uebereinstimmung zu setzen vermag.

[3.] Acroperus harpae.

Syn. Acroperus harpae, Baird: British Entomostraca p. 129, tab. XVI, fig. 5.

Die specifische Beschaffenheit dieser von Baird beobachteten Form hat bisher von keinem Autor Anerkennung gefunden. Sie ist, aber ohne weitere kritische Begründung, meist mit der vorigen Art zusammengeworfen worden. Da diese jedoch, wie oben angedeutet worden ist, selbst wieder heterogene Elemente in sich vereinigt, so kann ich mich diesem Vorgange nicht anschliessen. Nach meiner Einsicht in die Sachlage schliesst sich der *Acroperus harpae* allerdings dem *Monoculus striatus* Jur. eng an, unterscheidet sich jedoch von demselben, wie von der folgenden Art, ganz entschieden durch die tiefe Ausbuchtung der Schale, welche Baird ausdrücklich hervorhebt. Von dem *Lynceus striatus* des Leydig und Lilljeborg aber entfernt sich derselbe ebenso bestimmt durch das Fehlen des auffälligen, hohen Kopfhelms, wodurch diese Arten sich wieder mehr unserem *Acroperus leucocephalus* anschliessen. Ich bin demnach der Meinung, dass man der von Baird aufgestellten Diagnose hier mit ähnlichem Unrecht begegnet ist, wie dies bei der oben besprochenen *Alona reticulata* der Fall gewesen ist.

---

18) Vergl. Leydig l. c. p. 216.

[4.] Acroperus nanus.

Syn. Acroperus nanus, Baird: British Entomostraca p. 139, tab. XVI, fig. 6.
Lynceus nanus, Leydig: Naturgeschichte d. Daphniden S. 228.

Diese Zwergform der Gattung ist zwar im Habitus der vorigen Species ähnlich, unterscheidet sich aber von ihr durch geringere Durchsichtigkeit und durch weniger hervortretende Ausbuchtung der Schale; sie hat vier Fiederborsten am äusseren Ruderarm („anterior branch" Bd.), während jene nur drei derselben aufzuweisen hat, und erinnert überdies durch den längeren und zugespitzteren Schnabel unverkennbar an die Gattung *Pleuroxus*.

[5.] Acroperus intermedius.

Syn. Lynceus macrourus, Leydig: Naturgeschichte d. Daphniden S. 219, Taf. IX, Fig. 66 und 67.

Diese interessante und gut charakterisirte Art hat Leydig in den Gebirgsseen des Allgäus und im Bodensee aufgefunden und ausführlich beschrieben. Sie erinnert in ihrer stumpfschnabeligen Kopfbildung an *Alona affinis* und vermittelt in anderer Beziehung, wie durch die specifische Bezahnung ihres Postabdomens, einen Uebergang zur folgenden Gattung, so dass Leydig, welchem der *Lynceus macrourus* Müll. aus eigener Anschauung nicht bekannt war, sich dadurch verleiten liess, sie irrthümlicher Weise auf diesen zu beziehen. Die schräg gerippte Skulptur der Schale, sowie die typische Form des Postabdomens bekunden, abgesehen von anderen Kennzeichen, schon hinlänglich die Angehörigkeit dieser Gattung. In Bezug auf letzteres Merkmal bemerkt auch Leydig[19]), indem er sein Bedenken über die Richtigkeit seiner Art-Bestimmung äussert, schon selbst ganz zutreffend: „Besonders störend ist für mich, dass nach den Abbildungen von Lilljeborg und Baird das Postabdomen sich nach dem freien Ende hin allmählig, aber stetig verschmälert." Diese stetige Zuspitzung des Postabdomens ist in der That, wie weiter unten näher hervorzuheben sein wird, ein charakteristisches Kennzeichen in der Diagnose der folgenden Gattung.

Gatt. 5. Camptocercus.

Syn. Camptocercus, Baird: British Entomostraca, p. 125 und 126.

Diese Gattung, durch welche Baird zuerst den *Lynceus macrourus* Müll. von dem alten Genus *Lynceus* losgetrennt hat, und deren Berechtigung immer wieder an-

---

[19]) Vergl. Leydig a. a. O. S. 220.

gezweifelt worden ist, hat durch das Hinzukommen der gleich näher zu besprechenden neuen Arten ihre verdiente Bestätigung erhalten.

Im Habitus schliesst sich die Gattung eng an die vorhergehende an; von der Dorsalseite aus betrachtet, erweist sich an ihr (vergl. Fig. 49) der kahnförmige Lynceiden-Typus am schärfsten ausgeprägt; in der Seitenlage dagegen ist die Gestalt im Ganzen als eine länglich-eiförmige zu bezeichnen. Der Kopf läuft in einen stumpfen Schnabel aus, welcher meist schräg abwärts gekehrt ist, zuweilen aber auch ziemlich gerade vorgestreckt wird. Der an den Seiten weit überragende, einen verschieden geformten, beträchtlichen Fornix bildende Kopfschild gewinnt in Folge stark seitlicher Zusammendrückung hier ebenfalls das Aussehen eines helmartigen Scheitelkamms. Das Auge und der schwarze Gehirnfleck liegen von der Scheitelkante entfernt, zuweilen noch unter der Mittellinie des Kopfes. Die nur wenig unter dem Fornix hervorragenden Tastantennen sind fast cylindrisch und tragen am freien Ende einen Büschel geknöpfter Tastfäden von beträchtlicher, aber ungleicher Länge und in geringer Entfernung von diesem noch eine zarte, lanzettliche Borste an der äusseren Seite. Die Ruderantennen, deren Stamm nur wenig unter dem Fornix hervorragt, sind an dem innern ihrer dreigliedrigen Aeste mit vier, an dem äussern mit drei gegliederten Fiederborsten ausgerüstet. — Die Oberlippe ist mit einem abgerundeten beilförmigen Fortsatz versehen. — Der Nahrungskanal, dem die paarigen Blindsäcke des Magens fehlen, vollführt in den mittleren Leibessegmenten fast zwei vollständige Windungen und verläuft von da ab längs der Rückenseite. Er entsendet kurz vor seinem Uebergange in das Postabdomen einen bis zu den Darmschlingen reichenden, unpaarigen Blindsack und mündet unmittelbar hinter dem eckigen Vorsprunge der Dorsalkante des Postabdomens (vergl. Fig. 42 und 43 auf Taf. II). — Das Postabdomen ist sehr lang, äusserst beweglich, und stichsägeförmig gestaltet; indem es sich nach dem freien Ende hin stetig verschmälert. Es ist vom After abwärts längs der ganzen Rückenkante gefurcht (vergl. Taf. II, Fig. 39) und an den Rändern der verlängerten Afterfurche mit einer langen Reihe gezackter Afterkrallen bewehrt. — Die Schale ist äusserst durchsichtig und, mit Ausnahme des Kopfschildes, überall mit feinen, der Länge nach von vorn nach hinten verlaufenden Linien überzogen, am Unterrande mehr oder weniger ausgebuchtet und an der hinteren, unteren Schalenecke mit 1 bis 4 kurzen Zacken versehen. Der ziemlich gleichmässig abgerundete Vorderrand, sowie der mehr oder weniger tief ausgeschweifte Unterrand der Schale ist mit Wimpern besetzt, von denen sich an dem ebenfalls abgerundeten, freien Hinterrande keine Spur findet. Ein Haftorgan ist auch in dieser Gattung nicht vorhanden; dagegen ist die Schalendrüse, deren cavernöser Kanal im vorderen Theil der Schale bis zum Herzen hinaufsteigt, bei allen Arten wahrzunehmen.

Sie umfasst nächst Eurycercus die grössesten Arten der ganzen Familie.

Die Männchen dieser Gattung hat Zenker[20]) beschrieben; doch ist Lilljе-

---

[20]) Vergl. W. Zenker in Müller's Archiv für Anatomie und Physiologie. Jahrg. 1851, p. 119, Taf. III, Fig. 2.

borg[21]) der Ansicht, dass das als *Lynceus macrourus* aufgeführte Männchen der vorigen Gattung und zwar dem *Acroperus striatus* angehörig sei.

Unsere Fauna hat folgende vier Arten aufzuweisen:

1. Camptocercus macrourus.

Hierzu Fig. 39—41 auf Taf. 11.

Syn. Lynceus macrourus, O. F. Müller: Entomostraca p. 77, Taf. X, Fig. 1—4.
Lynceus macrourus, M. Edwards: Hist. nat. des Crust. III, p. 388.
Lynceus macrourus, Zaddach: Synop. Crust. Pruss. Prodr. p. 80.
Lynceus macrourus, Liévin: Die Branchiop. d. Danz. Geg. S. 41, Taf. XI, Fig. 1.
Lynceus macrourus, Lilljeborg: De Crust. ex ord. trib. Clad. etc. p. 89, tab. VII, Fig. 2 und 3.
Camptocercus macrourus, Baird: British Entom. p. 128, tab. XVI, fig. 9.
Camptocercus macrourus, Schödler: Die Branchiop. d. Umg. v. Berlin. I. Beitr. S. 27.
Camptocercus macrourus, Schödler: Die Lynceiden etc. d. Umg. v. Berlin. A. a. O. S. 28, Taf. II, Fig. 39—41.

Diese schon so vielfach beobachtete und beschriebene Art wird den ganzen Sommer über ziemlich zahlreich im Plötzensee angetroffen und erreicht eine Länge von ungefähr einem Millimeter. Der Kopf derselben läuft in einen stumpfen, schräg abwärts gerichteten Schnabel aus. Der zu beiden Seiten weit überragende Kopfschild bildet mit der unteren Fläche des Schnabels ein dreieckig geformtes Gewölbe (fornix). Das lange, sehr stark zugespitzte Postabdomen ist auf den Rändern der verlängerten Analfurche (Taf. II, Fig. 39) jederseits mit 25—30 gezackten Afterkrallen besetzt, die gegen das freie Ende hin an Grösse zunehmen. Die langen, nur wenig gekrümmten Endklauen sind an ihrer unteren Seite und zwar bis auf ⅔ ihrer Länge mit feinen, an Grösse stetig zunehmenden Zähnchen besetzt und tragen an ihrer Basis noch je eine kürzere, starke, ebenfalls fein gezähnelte Kralle. Der Unterrand der Schale ist gegen die Mitte hin stark ausgeschweift und bis zum letzten Viertel seiner Länge mit fein befiederten Wimpern befranst. Die vordere Ecke der Schalenklappen springt etwas stark vor, und die hintere, untere Schalenecke ist mit 2 oder 3 kurzen, rückwärts gewendeten Zähnchen versehen. — An den Tastantennen ist die eine der geknöpften Borsten des Endbüschels doppelt so lang als die übrigen. Der schwarze Gehirnfleck ist kleiner als das Auge, und liegt diesem näher als der Schnabelspitze. Der innere, etwas längere Ast jeder Ruderantenne trägt am Mittelgliede eine und am freien Ende drei gegliederte Fiederborsten und einen kurzen Dorn. Der äussere Ast hat nur drei Fiederborsten und einen kurzen Dorn am freien Ende, und einen gleichen Dorn am Basalgliede aufzuweisen.

Die Anzahl der Embryonen in der Bruthöhle beträgt zwei.

---

21) W. Lilljeborg. De Crust. ex ord. trib. Clad. etc. p. 89 und p. 91.

2. Camptocercus Lilljeborgii.
Hierzu Fig. 46—48 auf Taf. III.

Syn. Camptocercus Lilljeborgii, Schödler: Die Lynceiden u. Polyphemiden d. Umg. v. Berlin. A. a. O. S. 24.

Diese niedliche, neue Art, welche ich dem oft citirten, schwedischen Beobachter der Cladoceren zu Ehren unter vorstehender Benennung in das System einzuführen mir erlaube, ist ein häufiger Bewohner unserer Spree und Havel. Sie ist von gelblich-weisser Färbung und steht an Grösse der vorigen nicht nach. Prof. Lilljeborg hat sie bereits beobachtet und den charakteristisch gestalteten Kopf derselben abgebildet,[22] In seiner Beschreibung des *Lynceus macrourus* berichtet der genannte Autor wörtlich Folgendes[23]: „Hos en del har jag i Juli månad funnit de undre kanterna af hufvudets skal tillökte med en flik eller bord, såsom Fig. 4 (Tab. VII) utvisar. Vid spetsen af rostrum är denna bord icke sammanhängande med den å andra sidan, och, sedt framifrån, visar sig derföre rostrum då nedtill klufvet." — Mit diesen Worten ist unser Thierchen eigentlich, wenigstens den bis jetzt bekannten Arten der Gattung gegenüber, schon hinlänglich gekennzeichnet. Der den Schnabel seitlich überragende, herabhängende Lappen (vergl. Fig. 46) ist der specifisch geformte Fornix des Kopfschildes. Derselbe reicht über die Schnabelspitze hinweg und bildet (vergleiche Fig. 47) mit der unteren Kante des stumpfen, schräg abwärts gerichteten Schnabels jederseits eine rektanguläre Borte, unter welche die Tastantenne ganz zurückgeschlagen werden kann. In diesem Falle ragen dann nur die Enden der geknöpften Tastborsten über die vorderen, frei bleibenden Ränder der beiderseitigen Borten des Fornix hinweg. — Im Uebrigen gleicht diese Art am meisten dem *Camptocercus macrourus*, mit dem sie auch von Lilljeborg für identisch gehalten worden ist. Dies gilt namentlich von der Bildung des Postabdomens (Fig. 48), welches sich nach dem freien Ende hin sehr stark verjüngt und auf den Rändern der verlängerten Analfurche eine gleich grosse Anzahl fein gezackter Afterkrallen trägt; doch sind die Endklauen, soviel ich bemerken konnte, in abweichender Weise gezähnelt. Die Zähnelung nämlich erstreckt sich bis zur Klauenspitze, und etwa in der Mitte dieser Zähnchen-Reihe machen sich zwei Zähnchen durch eine beträchtlichere Länge und Stärke vor den übrigen bemerkbar. Die Tast- und Ruderantennen zeigen keine bemerkenswerthe Abweichung von der oben beschriebenen Bildung. Gleiches gilt von der Skulptur der Schale. Die Rückenkante der Schale aber zeigt unmittelbar vor ihrem Uebergange in den wenig abgerundeten Hinterrand einen flachen Eindruck. Die hintere Schalenecke ist bald mit zwei, bald mit drei oder vier feinen Zähnchen versehen. Der Wimpernbesatz des freien Randes bleibt auf den Vorderrand und auf die vordere Hälfte des Unterrandes beschränkt.

---

[22] Vergl. W. Lilljeborg: De Crust. ex ord. trib. Clad. etc. Tab. VII, Fig. 4.
[23] Vergl. Lilljeborg l. c. p. 90.

3. Camptocercus rectirostris.

Hierzu Fig. 43 auf Taf. II. und Fig. 49 und 50 auf Taf. III.

Syn. Lynceus macrourus, Fischer: Ueber die in d. Umgeb. von St. Petersburg vorkommenden
Branchiop. Mém. d. l'Acad. de. St. Pétersbourg (Mém. des Savants
étrangers) T. VI, S. 188, Tab. VIII, Fig. 8 u. Tab. IX, Fig. 1 u. 2.
Camptocercus rectirostris, Schödler: Die Lynceiden und Polyphem. d. Umg. v. Berlin.
L. c. p. 25, Taf. II, Fig. 43.

Diese von den vorigen beiden gut unterschiedene Art fand ich in der Spree, im
neuen Kanal und in der Havel bei Pichelswerder. Sie entspricht ohne Zweifel der von
Fischer bei St. Petersburg aufgefundenen Art, wie sich aus der oben citirten Beschreibung und Abbildung Fischer's zur Evidenz ergiebt. Ich entdeckte besagte Identität unserer und der russischen Art leider erst nach der Veröffentlichung meiner in dem
oben genannten Jahresbericht gegebenen vorläufigen Uebersicht unserer Lynceiden-Fauna
bei einer nochmaligen Revision meiner Artbestimmungen und bedauere, die Gelegenheit
zu einer geziemenderen Benennung versäumt zu haben. Der genannte, sorgfältige Beobachter der russischen Cladoceren-Fauna hat das nicht völlig Zutreffende seiner Art-
bestimmung schon selbst erkannt; denn er sagt: „Der von mir T. VIII, Fig. 8 darge-
stellte *Lynceus* scheint mir derselbe zu sein, den O. F. Müller *macrourus* nannte
und abbildete, wenn auch einzelne Punkte der Beschreibung nicht ganz
auf ihn passen."

Unser *Camptocercus rectirostris* ist ebenso gross und von gleichem Colorit, als die
vorhergehenden Arten. Er unterscheidet sich aber von ihnen beiden, sowie auch von
der folgenden Art durch den fast horizontal nach vorn gestreckten, keilförmig gestalteten, nur wenig unter die Mittellinie der Schalenhöhe her-
abrückenden Schnabel, wie eine Vergleichung der Fig. 50 mit den Fig. 46 und 51
näher ergeben wird. Den ersten beiden Arten gegenüber macht er sich ferner leicht
kenntlich durch das etwas breitere Postabdomen (vergl. Fig. 43 mit Fig. 48),
welches überdies an den Rändern der verlängerten Analfurche nur mit 15 bis 17 der
Länge nach gestreiften und an der hinteren Kante gezackten Afterkrallen bewehrt ist.
Die beiden Endklauen des Postabdomens sind von gleicher Beschaffenheit, wie bei dem
C. macrourus. Auch in der fein gerieften Skulptur der Schale ist eine bemerkenswerthe Abweichung von der zuletzt genannten Art nicht wahrzunehmen. Die hintere
Schalenecke ist an der linken Schalenklappe mit vier, an der rechten mit drei Zähnchen
besetzt. Der in der Seitenansicht dreieckig geformte, schwarze Gehirnfleck ist
merklich kleiner als das Auge, und eine durch die Mitte beider gedachte Linie
würde gegen die senkrechte Richtung etwa unter einem Winkel von 45° verlaufen. Die
Scheitelkante des Schnabels ist gleichmässig abgerundet, aber viel weniger convex, als
bei dem *C. Lilljeborgii* und der folgenden Art. In Folge der mehr gehobenen Schna-
belhaltung erscheint auch die Rückenkante der Schalenklappen mehr verflacht. Letztere sind in Bezug auf Verlauf und Wimpernbesatz des Unterrandes wie bei *C. macrourus.* An den Tastantennen, welche eine feinschuppige Oberflächen-Skulptur

zeigen, machen sich aus dem Endbüschel der geknöpften Tastborsten z w e i derselben durch bedeutendere Länge bemerkbar. Die Ruderantennen sind wie bei den vorhergehenden beiden Arten; doch bemerkte ich am Basalgliede des inneren, vierborstigen Astes hier noch einen Dorn, etwa von der Länge des Mittelgliedes (eine verkümmerte fünfte Fiederborste), welchen ich bei jenen Arten nicht wahrgenommen habe.

Die Anzahl der blass-grünlichen Embryonen im Brutraume beträgt auch hier zwei.

4. Camptocercus biserratus

Hierzu Fig. 42 auf Taf. II. und Fig. 51 auf Taf. III.

Syn. Camptocercus biserratus, Schödler: Die Lynceïden u. Polyphemiden d. Umg. v. Berlin. L. c. p. 25, Taf. II., Fig. 42.

Diese neue und von den übrigen gut unterschiedene Art fand ich im Juli d. J. in der Spree bei Treptow, jedoch nicht so häufig als den *C. Lilljeborgii*, den sie an Grösse noch etwas übertrifft. — Sie ist leicht kenntlich an dem Postabdomen (Fig. 42), sowie an dem stark abwärts gekrümmten Schnabel (vergl. Fig. 51), dessen stumpfe Spitze bis zur Richtung des unteren Schalenrandes hinabreicht. Die Scheitelkante des Kopfes verläuft in Folge dessen sehr stark convex. Der Fornix des Kopfschildes zeigt in der Seitenlage des Thiers eine fast konische Form und verdeckt den Stamm der Ruderantennen, sowie die Tastantennen fast gänzlich. Letztere besitzen auch bei dieser Art unter den geknöpften Tastborsten des Endbüschels z w e i die anderen an Länge weit überragende Borsten. Der in der Seitenlage des Thiers dreizipflig geformte, schwarze Gehirnfleck (vergl. Fig. 51) ist merklich grösser als das Auge, und beide liegen etwa in der Mittellinie des Kopfes. Der wellig gebogene Fortsatz, welcher der Oberlippe aufsitzt, ist an seiner concaven Seite mit drei schrägen Zähnchen besetzt. Die Ruderantennen sind von gleicher Beschaffenheit, wie bei dem *C. macrourus.* Der Unterrand der Schalenklappen ist gegen die Mitte viel stärker ausgeschweift, als bei den übrigen Arten, und in Folge dessen springt auch die vordere, ziemlich gleichmässig gebogene Schalenecke viel stärker hervor. Der Unterrand jeder Schalenklappe ist bis auf das letzte Viertel seiner Länge mit fein gefiederten Wimpern besetzt, und die hintere Ecke desselben ist mit 1 oder 2 Zähnchen versehen. Das Postabdomen (Fig. 42) endlich, welches in seiner Form an den *C. rectirostris* erinnert, besitzt noch eine specifische Zähnelung, nach welcher ich die Benennung gewählt habe. Es hat nämlich über der Reihe von Afterkrallen, welche den Rändern der verlängerten Analfurche aufsitzen, jederseits noch eine ähnliche, feingestrichelte Zahnleiste aufzuweisen, wie wir sie oben bei mehreren *Alona*-Arten kennen gelernt haben. Die Endklauen sind wie bei der vorigen Art; Gleiches gilt von der Structur der Afterkrallen, deren Zahl sich auf 15 bis 18 beläuft, also ebenfalls geringer ausfällt, als bei dem *C. macrourus* und *Lilljeborgii.*

In dem Brutraum zählte ich auch hier nie mehr als zwei Embryonen.

Gatt. 6. Peracantha.

Peracantha, Baird: British Entomostraca p. 125 und 136.

Die von Baird (l. c.) aufgestellte Diagnose:

„Oval-shaped; the lower extremity of shell shlightly curved backwards, and, as well as the upper extremity of anterior margin, beset with strong, hooked spines. Beak sharp, curved downwards."

umfasst zwar die zunächst in die Augen springenden, äusserlichen Merkmale, passt aber durchweg weder auf die beiden Geschlechter, noch auf die hinzugekommene neue Art. Nach meinen Wahrnehmungen sind vorläufig bei der generischen Unterscheidung etwa folgende Anhaltspunkte zu beachten.

Von der Dorsalseite aus betrachtet, bewahrt die Gattung ebenfalls die für alle Lynceiden mit Ausnahme von *Chydorus* gültige, kahnförmige Gestalt, mit überwiegender Zuspitzung nach hinten; in der Seitenlage dagegen ist der Umriss im Ganzen als ein eiförmiger zu bezeichnen. Die Dorsalkante der Schale fällt, namentlich bei erwachsenen Weibchen, nach hinten steil ab; der Unterrand und zum Theil auch der Vorderrand sind mit Wimpern besetzt; dagegen ist der ziemlich gerade aufsteigende, freie Hinterrand auf seiner ganzen Ausdehnung, bei Männchen und Weibchen, mit starken und gegen die obere Ecke hin aufwärts gekrümmten Zacken bewehrt. Bei den Weibchen ist auch der Vorderrand mit ähnlichen Zacken besetzt. — Der Kopf verlängert sich in einen schmalen, mehr oder weniger zugespitzten, abwärts gerichteten Schnabel. Die konisch geformten Tastantennen ragen zum grössten Theil unter dem Fornix des Kopfschildes hervor und tragen etwa in der Mitte der Vorderfläche eine lange, lanzettliche Borste und am freien Ende einen Büschel gleich langer, geknöpfter Tastborsten. Der deutlich ausgeprägte schwarze Gehirnfleck erreicht fast die Grösse des Auges und liegt, wie dieses, unmittelbar unter der Scheitelkante; da eine Scheitelkammbildung, wie in den vorigen beiden Gattungen, hier nicht vorhanden ist. Die Ruderantennen, deren Aeste dreigliedrig und sehr beweglich sind, tragen an dem innern Ast fünf, an dem äusseren dagegen drei gegliederte Fiederborsten.

Das Postabdomen ist verhältnissmässig gross, von den Seiten her stark zusammengedrückt und verschmälert sich nur wenig gegen das freie Ende hin. Es ist an der Dorsalkante in der Aftergegend stark ausgeschweift und auf den Rändern der verlängerten Analfurche jederseits mit einer einfachen[24]) Reihe rückwärts gekrümmter Afterkrallen besetzt. Jede der beiden Endklauen ist an der Basis mit zwei hinter einander stehenden, ungleichen Dornen versehen. — Der Nahrungskanal, welcher keinerlei Blindsäcke aufzuweisen hat, unterscheidet die Gattung von allen vorangehenden und bekundet eine nähere Verwandtschaft mit der folgenden. Derselbe zeigt den in Fig. 34 wiedergegebenen Verlauf; indem er in den mittleren Leibessegmenten fast zwei vollständige Um-

---

[24]) Die von Leydig (l. c. p. 225) angegebene paarweise Stellung dieser Afterkrallen findet ihre Erklärung in der sehr genäherten Lage der beiderseitigen Analfurchen-Ränder.

windungen eingeht, und von da ab längs der Rückenseite verlaufend, unmittelbar vor seinem Uebergange in das Postabdomen, an Stelle des sonst hier auftretenden, unpaarigen Blindsacks, noch eine vollständige Umwindung vollführt.

Die Schalendrüse, deren areolairer Kanal in dem vorderen Theil der Schalenklappen eine lang gezogene Verschlingung bildet, reicht bis zur Herzgegend hinauf. Ein Haftorgan ist nicht vorhanden.

1. Peracantha truncata.

Hierzu Fig. 29 (mas) und Fig. 30 (femina) auf Taf. II.

Syn. Lynceus truncatus, O. F. Müller: Entomostraca p. 75, Tab. XI, fig. 4—8.
Lynceus truncatus, M. Edwards: Hist. nat. des Crust. t. III, p. 388.
Lynceus truncatus, Koch: Deutschlands Crustaceen. H. 36, Taf. II.
Lynceus truncatus, Zaddach: Synops. Crust. Pruss. Prodr. p. 29.
Lynceus truncatus, Liévin: Branchiop. d. Danziger Geg. S. 40, Taf. X, Fig. 2 u. 3.
Peracantha truncata, Baird: Brit. Entom. p. 137, tab. XVI, fig. 1.
Lynceus truncatus, Fischer: Ueber die in d. Umg. v. St. Petersburg vork. Crust. l. c.
    S. 190, Taf. IX, Fig. 7—11.
Lynceus truncatus, Lilljeborg: De Crust. ex ord. trib. Clad. etc. p. 82, tab. VI, fig. 10.
Peracantha truncata, Schödler: Branchiop. d. Umg. von Berlin. I. Beitr., S. 28.
Lynceus truncatus, Leydig: Naturg. d. Daphniden S. 224.
Lynceus truncatus, Schödler: Die Lynceiden und Polyph. etc. A. a. O. S. 25, Taf. II,
    fig. 29 und 30.

Diese Art hat, wie das vorstehende Autoren-Verzeichniss ergiebt, eine sehr weite Verbreitung; sie ist auch in hiesiger Gegend sehr häufig und findet sich fast in allen, mit Lemnaceen oder Conferven überwucherten Tümpeln; aber auch in reineren Gewässern: in dem neuen Kanal, Plötzensee, in der Spree und Havel. Der Grösse nach ist sie den kleineren Formen beizuzählen; denn sie wird kaum über einen halben Millimeter lang. Sie ist von röthlich-gelbem Colorit und wird leicht an ihren gezackten Schalenrändern erkannt. Die Schale selbst besitzt eine deutlich geriefte Skulptur und ist weniger durchsichtig, als bei den Arten der vorangehenden beiden Gattungen. Die von dem gezackten Hinterrande ausgehenden Riefen oder „Streifen" der Schale folgen im oberen Theil der Schale dem Verlauf der Dorsalkante, während die vom dicht bewimperten Unterrande der Schalenklappen auslaufenden sich besonders im vorderen Theil derselben in stark geschwungener Richtung in einem Bogen von unten nach oben wenden. Die vordere Ecke jeder Schalenklappe springt in einem stumpfwinklig verflachten Bogen weit vor und berührt mit ihren aufwärts gerichteten Zacken bei ausgewachsenen Weibchen zuweilen die Schnabelspitze. Der bei Weibchen gezackte Theil des Vorderrandes, sowie der ziemlich gleichmässig abgerundete Unterrand sind mit deutlich gefiederten Wimpern dicht umsäumt, von denen die an der inneren Kante des gezackten Vorderrandes stehenden durch ihre Länge auffällig hervortreten. Die Rückenkante der Schale fällt nach hinten bei ausgewachsenen Weibchen viel abschüssiger ab, als dies in Fig. 30 angedeutet worden ist. Der freie und gezackte Hinterrand der

Schale misst dann oft kaum die Hälfte der Schalenhöhe. Die Anzahl der Zacken dieses, sowie des Vorderrandes ist nicht constant, sondern variirt bei verschiedenen Individuen und beträgt häufig auf einer Seite desselben Thiers mehr, als auf der anderen, wie dies auch bei den Zacken an der hinteren Schalenecke der *Camptocercus*-Arten der Fall ist. Eine specifische Verschiedenheit habe ich in der abweichenden Zahl jenes hinteren Zackenkranzes nicht auffinden können; obgleich ich viele Individuen auf diesen Punkt hin beobachtet habe. Bei der Mehrzahl der beobachteten Individuen hatte der freie Hinterrand jederseits 15—17 Zacken aufzuweisen; doch zählte ich auch weniger und zwar absteigend 14—8 Zacken auf einer Seite. Im Juli 1858 beobachtete ich ein Weibchen mit 11 Zacken auf der linken und 17 Zacken auf der rechten Seite des Hinterrandes. Auch war das Postabdomen desselben Thierchens verstümmelt, nämlich ohne Endklauen. An einem anderen Exemplar zählte ich rechts 8 und links 13 Zacken; im November des genannten Jahres beobachtete ich an einem Individuum aus dem Plötzensee links 17 Zacken, während die rechte Zeite (in Folge einer Verstümmelung) deren nur 3 aufzuweisen hatte. — In Betreff des Hinterrandes will ich endlich noch bemerken, dass derselbe bei den mir zu Gesicht gekommenen Individuen mit einer unerheblichen Abrundung ziemlich gerade anfsteigt; eine so schräg rückwärts gewendete Abstumpfung, wie in der von Baird (l. c. Tab. XVI, fig. 1) gegebenen Abbildung, habe ich niemals wahrgenommen.

Auf dem wenig durchsichtigen Kopfschilde ist eine geriefte Skulptur nicht zu unterscheiden. Der fast viereckig geformte, schwarze Gehirnfleck ist nicht viel kleiner als das Auge, und bei Weibchen von der Schnabelspitze fast doppelt so weit entfernt, als vom Auge. — Dieses selbst ist ziemlich unbeweglich und nur spärlich mit Krystallkörpern versehen.

Die freien Enden der Ruderantennen-Aeste tragen ausser den drei gegliederten Fiederborsten noch je einen kurzen Dorn; der innere Ast aber hat, wie schon bemerkt, noch zwei derartige Borsten mehr, und zwar je eine am Basal- und Mittelgliede.

Das Postabdomen verjüngt sich in bemerklicher Weise nach dem freien Ende hin, und ist auf den Rändern der verlängerten Analfurche jederseits mit einer Reihe von 12 bis 15 Afterkrallen bewehrt.

Im Brutraum werden gewöhnlich zwei Embryonen ihrer gleichzeitigen Entwicklung entgegengeführt. Im Wintereier-Packetchen (ephippium) habe ich immer nur ein Ei angetroffen.

Die Männchen sind etwas kleiner, als die Weibchen und unterscheiden sich von ihnen durch einen viel kürzeren und weniger zugespitzten Schnabel, dessen Spitze nur etwa bis zur Mitte der Tastantennen reicht. Diese selbst sind stärker, als bei den Weibchen, und namentlich tritt die lange einzelne Borste an der äusseren Seite viel mehr hervor, als bei jenen. Der Vorderrand der Schalenklappen ist schräg abgestumpft, nach einwärts gebogen und lässt einen Zackenkranz nicht erkennen. Die Rückenkante der Schale fällt ziemlich gleichmässig nach hinten ab, und das erste Beinpaar trägt eine starke, fleischige, nach vorn gekrümmte Klaue.

2. Peracantha brevirostris.

Hierzu Fig. 31 auf Taf. II.

Syn. Peracantha brevirostris, Schödler: Die Lynceiden u. Polyphemiden d. Umg. v. Berlin, L. c. p. 25, Taf. II, Fig. 31.

Diese im Colorit und Habitus der vorigen sehr ähnliche Art fand ich im Juli d. J. in der Spree, und zwar ein Weibchen mit zwei Embryonen im Brutraum. Sie wird noch etwas grösser, als *Peracantha truncata*, von welcher sie sich durch den kurzen, stumpfen Schnabel (Fig. 31) leicht unterscheiden lässt. Ohne jene beiden Insassen des Brutraums hätte ich sie bei flüchtiger Beachtung leicht mit dem Männchen jener verwechseln können, welchem sie in der Schnabelbildung entspricht, von welchem sie aber auch schon äusserlich durch die im Rücken stark gewölbte, nach hinten stark abschüssige Schale verschieden ist. Die vordere Ecke jeder Schalenklappe ist ebenfalls mit einer Reihe gekrümmter Zacken bewaffnet. Der schwarze Gehirnfleck, welcher der Schnabelspitze näher liegt, als dem Auge, ist merklich kleiner, als dieses. Der Schnabel erreicht kaum die halbe Länge der Tastantennen. Diese selbst, sowie die Ruderantennen und die Skulptur der Schale verhalten sich wie bei der vorigen Art.

Derselben Gattung ist ferner die folgende, der Fauna Chilena angehörige Art noch beizuzählen:

[3.] Peracantha armata.

Syn. Lynceus armatus, Cl. Gay: Historia física y política de Chile. Zoologia. T. III (1849) p. 292.
Lynceus armatus, J. Lubbock: On the Freshwater Entomostraca of South-America. Transactions of the Entom. Society of London. N. Ser. Vol. III, p. 235.

„Albovirescens; valvis postice spiniferis."
„Die Schalenklappen sind unten abgerundet und endigen hinten in einen gezähnelten Schwanz."
Gefunden in „Los mares de Santa Rosa." [25])

---

[25]) Der Vollständigkeit wegen erlaube ich mir nachträglich hier noch eine siebente *Chydorus*-Species anzuführen, welche Cl. Gay mit der oben genannten *Peracantha armata* an demselben Fundorte angetroffen und beschrieben hat, nämlich:

[7.] Chydorus albicans.

Syn. Lynceus albicans, Gay, l. c. p. 292.
Lynceus albicans, Lubbock, l. c. p. 235.

„Valvis postice rotundatis, inermis."
Ruderantennen mit langen Borsten; Auge und Nebenauge deutlich ausgebildet; Schnabel etwas dicker, aber kürzer, als bei *Pleurosus nasutus* (Gay); unterer und hinterer Rand der Schale abgerundet und ohne Zacken. Colorit weisslich, durchsichtig.

Gatt. 7. **Pleuroxus.**

Pleuroxus, Baird: British Entomostraca p. 134.

„Anterior margin prominent on upper portion, the lower part being trunca-
ted, or, as it were, cut sharp and straight. First pair of feet very large.
Beak sharp, curved downwards."

Dieser kurzen und völlig zutreffenden Charakteristik, welche der Begründer der
Gattung aufstellt, will ich noch folgende ergänzende Bemerkungen hinzufügen.

Im Habitus schliesst sich die Gattung eng an die vorhergehende an. Mit unbewaffneten Augen sind die Repräsentanten beider nicht mehr mit Sicherheit zu unterscheiden. Von der Dorsalseite aus betrachtet, ist von dem kahnförmigen Typus der
vorigen Gattung kaum eine Abweichung wahrzunehmen. In der Seitenlage jedoch
geben sich die *Pleuroxus*-Arten leicht durch den gerade abgeschnittenen Hinterrand zu erkennen, welcher mehr oder weniger senkrecht verläuft und an seiner unteren,
winkeligen Ecke gewöhnlich mit kurzen, rückwärts gewendeten Zacken besetzt ist. Der
Vorder- und Unterrand der Schalenklappen sind mit gefiederten Wimpern dicht umsäumt; jener springt bei ausgewachsenen Individuen weit vor; dieser zeigt einen bald
geraden, bald mehr oder weniger eingebogenen Verlauf. Die convexe Rückenkante
nimmt bei Weibchen oft eine sehr beträchtliche Wölbung an und fällt nach hinten
mehr oder weniger abschüssig ab. Die Schalendrüse scheint auch in dieser Gattung
durchgängig vorhanden zu sein. — Ein „Haftorgan" habe ich bei keiner der
beobachteten Arten vorgefunden.

Der Kopf verlängert sich in einen zugespitzten, bald längeren, bald kürzeren, dem
Vorderrande der Schalenklappen zugekehrten Schnabel. Das Auge und der stets deutlich
ausgeprägte Pigmentfleck liegen unmittelbar unter der Scheitelkante. — Die Tastantennen sind konisch gestaltet und, wie bei *Peracantha*, am Ende mit einem Büschel
gleich langer, geknöpfter Tastfäden und in der Mitte der vorderen Fläche mit einer
einzelnen, längeren, lanzettlichen Borste versehen. — Von den dreigliedrigen Aesten
der Ruderantennen ist der eine mit vier bis fünf gegliederten Fiederborsten und
einem Dorn, der andere mit drei derartigen Fiederborsten und einem Dorn, welcher dem
freien Ende aufsitzt, ausgerüstet.

Das Postabdomen ist von den Seiten stark zusammengedrückt, auf der Dorsalkante zweimal deutlich, aber ungleich ausgebuchtet und bietet in Form und Krallen-
besatz beachtenswerthe Anhaltspunkte für Art-Unterschiede dar.

Der Nahrungskanal (vergl. Fig. 34. auf Taf. II.), welcher keinerlei Blindsäcke
besitzt, vollführt bis zu seinem Uebergange in das Postabdomen drei vollständige Um-
windungen, wie bei der vorigen Gattung. Die Lage des Afters fand ich bei allen von
mir beobachteten *Pleuroxus*-Arten an der stark ausgebuchteten Stelle der Dorsalkante,
niemals, wie einige Autoren angeben, an dem freien Ende des Postabdomens vor. —
In der Nahrung selbst scheinen diese Lynceiden sich mit pflanzlichem Detritus vor-

zugsweise zu begnügen. Sie sind daher, wie die *Chydorus* und *Peracantha*-Arten sehr leicht längere Zeit zu unterhalten und zu überwintern.

In dem Bau der fünf Beinpaare, welche ich an dem *Pleuroxus aduncus* näher zu studiren bemüht war, habe ich eine wesentliche Abweichung von dem oben angedeuteten, allgemeinen Typus nicht wahrgenommen. Das Stammglied derselben ist auch hier an seiner äusseren Fläche mit blasigen Kiemenanhängen versehen und zeigt eine von dem ersten bis zum fünften Beinpaare stetig fortschreitende Vergrösserung seines nach innen gekehrten blatt- oder scheibenförmigen Anhangs, welcher bewimpert und mit gefiederten Borsten besetzt ist. Das erste Beinpaar, das „organum protensum, crassum, curvum, pediforme" nach Müller [36]) ist verhältnissmässig stark und ragt in ausgestreckter Lage mit den langen Borsten seines Endgliedes, von denen die eine vorwärts gekrümmt, gegliedert und mit feinen Zähnchen ausgerüstet ist, weit über den Schalenrand hinaus.

Zu dieser Gattung zähle ich zehn Species, von denen die Berliner Fauna sechs aufzuweisen hat. Diese sind zunächst:

1. Pleuroxus trigonellus.

Hierzu Fig. 33—36 auf Taf. II.

Syn. Lynceus trigonellus, O. F. Müller: Entomostraca p. 74, tab. X, fig. 5 u. 6.
Lynceus trigonellus, M. Edwards: Hist. nat. des Crust. t. III, p. 367.
?Lynceus trigonellus, Koch: Deutschlands Crustaceen. H. 36, Taf. 14.
Lynceus trigonellus, Liévin: Die Branchiop. d. Danziger Gegend. S. 41, Taf. X, Fig. 4.
Pleuroxus hamatus (mas), Baird: Brit. Entomostraca p. 136, tab. XVII, fig. 5.
Lynceus trigonellus, Lilljeborg: De Crust. ex ord. trib. Clad. etc. p. 80, tab. IX, fig. 1.
Pleuroxus trigonellus, Schödler: Die Branchiop. d. Umg. v. Berlin. S. 28.
Lynceus trigonellus, Leydig: Naturg. d. Daphniden. S. 228.
Lynceus trigonellus, Tóth: Vers. d. Rot. u. Daphn. um Pesth-Ofen. Verh. d. k. k. zool.-bot. Ges. in Wien. XI, p. 184.
Pleuroxus trigonellus, Schödler: Die Lynceiden und Polyphemiden der Umgegend von Berlin. A. a. O. S. 25, Taf. II, Fig. 33—36.

Diese Art hat, wie das vorstehende Autoren-Verzeichniss ergiebt, einen sehr weiten Verbreitungskreis. Sie erreicht eine Länge von ½ Millimeter und gedeiht meiner Wahrnehmung gemäss am besten in stehenden, von Laubholz bestandenen Gewässern. So fand ich sie in zahlreicher Menge mit *Pleuroxus aduncus* und *Chydorus sphaericus* zusammen in einigen Gräben unseres Thiergartens und in den Uppstallgräben hinter Rixdorf. Sie ist von Lilljeborg ausführlich beschrieben und in habitueller Beziehung correct abgebildet worden. Dahingegen gehört die von Baird unter diesem Namen beschriebene Art nicht hierher; denn sie entspricht, wie weiter unten gezeigt werden soll, nicht dem *Lynceus trigonellus* O. F. Müller.

Kopfschild und Schale zeigen, was auch Leydig richtig hervorhebt, keine andre Skulptur, als die allen Arten zukommende Punktirung. Dadurch

---

[36]) Vergl. O. F. Müller: Entomostraca p. 75.

ist sie mit Sicherheit von der folgenden Art zu unterscheiden, mit welcher sie sonst in vieler Beziehung grosse Aehnlichkeit hat. — Sie ist von einem röthlich-gelben oder blassgelben Colorit. — Der ziemlich lange und stark zugespitzte Schnabel des Kopfes nähert sich mit seiner Spitze dem Vorderrande der Schale. Ueber die Scheitel-kante zieht, etwa von der Mitte des Schnabels beginnend und bis in die Herzgegend reichend, ein zarter, senkrecht gestellter, niedriger Hautkamm, welchen schon Leydig als eine Eigenthümlichkeit der Art besonders hervorgehoben hat.

Der undeutlich viereckige, schwarze Gehirnfleck ist kleiner, als das nur wenige lichtbrechende Krystallkörper enthaltende Auge und liegt von diesem, besonders bei weiblichen Individuen, kaum halb so weit entfernt, als von der Schnabelspitze. Der Fornix des Kopfschildes verdeckt die Basis der Tastantennen, sowie den Stamm der Ruderantennen. Erstere (Fig. 36) sind konisch gestaltet und erreichen etwa die halbe Länge des Schnabels. Sie tragen am freien Ende einen Büschel von 9—10 ge-knöpften Tastborsten, welche die Schnabelspitze nicht überragen, und in der Mitte der vorderen Fläche eine sehr lange, einzelne, ebenfalls geknöpfte Borste.

Die Aeste der Ruderantennen tragen am Endgliede einen Dorn und je drei gegliederte Fiederborsten, von denen die eine merklich kürzer ist, als die beiden anderen; der innere Ast aber hat auch an dem Mittel- und Basalgliede noch je eine derartige Fiederborste aufzuweisen.

Der Vorderrand, sowie der ziemlich geradlinig verlaufende Unterrand der Schalen-klappen sind stumpf-sägezähnig gekerbt und mit gefiederten Wimpern, welche jenen Kerbzähnen aufsitzen, dicht umsäumt. Der gerade abgeschnittene Hinterrand, welcher bei der Koch'schen Art ebenfalls mit Wimpern versehen sein soll, ist wimpernlos und misst bei ausgewachsenen Weibchen noch nicht die halbe Schalenhöhe. Die hin-tere, untere Schalenecke ist mit 2 oder 3 kurzen Zacken besetzt. Die Abschüssigkeit der Dorsalkante nimmt bei Weibchen mit dem Alter zu.

Das Postabdomen (Fig. 33) ist verhältnissmässig breit, von den Seiten stark zu-sammengedrückt und auf seiner Dorsalkante zweimal deutlich, aber ungleich ausge-schweift. In der grösseren dieser Ausbuchtungen liegt der After, nicht aber am freien Ende, wie Lilljeborg (l. c. Fig. 1) andeutet. Vom After abwärts ist die Dorsalkante des Postabdomens mit einer Reihe paarweise gestellter Afterkrallen bewaffnet, von denen immer die vordere die hintere an Länge überragt. Die paarweise Stellung, wie die ungleiche Länge dieser Krallen, findet nach meiner Wahrnehmung ihre Er-klärung in der sehr genäherten Lage der verlängerten Analfurchen-Ränder. Am freien Ende ist das Postabdomen etwas geradlinig abgestutzt und unterhalb der Endklauen mit deutlicher Ausbuchtung versehen. Die ziemlich langen Endklauen tragen an der Basis ihrer concaven Kante zwei dicht hinter einander stehende, ungleiche Krallen.

Die Eierstöcke verlaufen zu beiden Seiten des Nahrungskanals in einfacher Länge und münden über dem hinteren Theil der doppelten Darmschlinge in den Brut-raum. In diesem selbst finden sich gewöhnlich zwei Embryonen.

Die Männchen sind kleiner als die Weibchen. Sie haben einen stumpferen, kürzeren Schnabel; die Rückenkante der Schale verläuft weniger abschüssig und der Vorderrand derselben ist geradlinig abgestumpft. Das erste Beinpaar trägt wie bei den Männchen der verwandten Arten eine starke, vorwärts gerichtete, hakenförmige Klaue.

2. Pleuroxus aduncus.

Hieran Fig. 59 auf Taf. III.

Syn. Monoculus aduncus, Jurine: Histoire nat. des Monocles etc. p. 152, pl. 15, fig. 8 u. 9.
Chydorus aduncus, Schödler: Die Branchiop. d. Umg. v. Berlin. I. Beitr. S. 27.
Pleuroxus aduncus, Schödler: Die Lynceïden und Polyphemiden der Umg. von Berlin.
A. a. O. S. 25.

Die vorstehende Art, welche ich für identisch mit dem *Monoculus aduncus Jur.* halte, ist bei uns viel häufiger, als der *Pl. trigonellus.* Sie findet sich fast in allen mit Lemnaceen überwucherten Lachen, wird aber auch in der Spree und in unseren Seen angetroffen. Sie ist von wachsgelbem Colorit und mehr oder weniger durchsichtig, je nach dem Stadium der Häutung. Im Habitus gleicht sie der vorigen Art ungemein; doch übertrifft sie dieselbe noch an Grösse; denn sie erreicht eine Länge von $^3/_4$ Millimeter. Alte, völlig ausgewachsene Weibchen zeigen in der Seitenlage, in Folge weit vorgeschrittener Wölbung und Ausweitung der Schale, zuweilen grosse Aehnlichkeit mit *Chydorus*-Arten; der freie Hinterrand misst dann oft kaum $^1/_3$ der Schalenhöhe. Doch sind sie von diesen an der nach hinten stark keilförmig zugespitzten Form schon mit unbewaffnetem Auge ziemlich sicher zu unterscheiden.

Der Kopf des *Pl. aduncus* (vergl. die ganz correct gehaltene Fig. 59) ist in der Scheitelkante geradlinig abgestutzt und verläuft, wie bei der vorigen Art, in einen schmalen, abwärts gekrümmten Schnabel, welcher bei alten Weibchen zuweilen den weit vorgeschobenen Vorderrand der Schalenklappen mit seiner Spitze berührt. Von jenem zarten, senkrecht gestellten Hautkamm, welcher dem *Pl. trigonellus* eigenthümlich ist, findet sich hier keine Spur; das nur spärlich mit Krystallkörpern durchsetzte Auge liegt vielmehr unmittelbar unter der flach eingedrückten Scheitelkante, und ist nur unbedeutend grösser, als der schwarze Gehirnfleck. Dieser selbst ist in der Seitenlage des Thiers deutlich viereckig, und liegt bei Weibchen von der Schnabelspitze doppelt so weit entfernt, als vom Auge. — Die Oberlippe, sowie die Tast- und Ruderantennen sind wie bei der vorigen Art.

Die je nach dem Lebensalter mehr oder weniger weit vorspringende, vordere Partie der Schalenklappen aber bietet einen anderen bequemen Anhaltspunkt für die Unterscheidung von dem *Pl. trigonellus* dar; sie ist nämlich mit 8 bis 10, dem Vorderrande entsprechend verlaufenden Leisten versehen, wovon bei jener Art keine Spur wahrzunehmen ist, und welche auch von der sorgfältigen Zeichnerin Jurine's (in Fig. 8, Pl. 15 a. a. O.) deutlich hervorgehoben worden sind. Im Uebrigen erweist sich die Oberfläche des Kopfschildes und der Schale hier, wie bei der vorhergehenden Art, durchweg mit feiner Punktirung bedeckt. Diese hellen, über die Haut zerstreuten Punkte gewähren bei starker Vergrösserung hier genau denselben Eindruck, wie ihn Leydig von der vergrösserten Schale der Daphniden in eingehender Weise schildert.[27]) — Der freie Vorder- und Unterrand der Schale ist stumpf-sägezähnig eingekerbt und mit gefiederten, schräg rückwärts gerichteten Wimpern dicht umsäumt, welche gegen die Mitte des ziemlich geradlinig verlaufenden Unterrandes am längsten ausfallen. Der die Leisten tragende Theil des freien Randes steigt ziemlich geradlinig schräg aufwärts und ist etwas einwärts umgebogen. Der wimpernlose Hinterrand ist bei ausgewachsenen Individuen flach convex und misst ⅓ bis höchstens ½ der Schalenhöhe. Die Dorsalkante der stark ausgeweiteten Schale hat in ihrem vorderen Verlauf fast gleiche Richtung mit dem Unterrande und geht dann sehr abschüssig in den Hinterrand über. Die obere Ecke des Hinterrandes ist abgerundet, die untere dagegen mit 2 oder 3 kurzen, rückwärts gewendeten Zacken besetzt.

Das Postabdomen zeigt sowohl vor, als in der Aftergegend eine starke Ausbuchtung, verschmälert sich in gleichmässiger Abrundung gegen das freie Ende hin und ist auf den Rändern der verlängerten Analfurche jederseits mit 8 Afterkrallen bewaffnet. Endklauen wie bei der vorigen Art.

Bei dieser und der vorigen Art habe ich unmittelbar hinter dem fünften Bein einen analogen, konisch geformten Bauchanhang wahrgenommen, wie ich oben bei dem *Eurycercus lamellatus* (vergl. S. 8) hervorzuheben Gelegenheit hatte.

3. Pleuroxus ornatus.

Hierzu Fig. 39. auf Taf. II.

Syn. Lynceus trigonellus, Zaddach: Synop. Crust. Pruss. Prodr. p. 26.
Pleuroxus ornatus, Schödler: Die Branchiop. d. Umg. v. Berlin. I. Beitr. S. 26.
Pleuroxus ornatus, Schödler: Die Lynceiden u. Polyphemiden d. Umgegend von Berlin.
A. a. O. S. 25, Taf. II, Fig. 82.

Diese im Habitus und Colorit mit dem *Pleuroxus trigonellus* übereinstimmende Art halte ich für identisch mit der von Zaddach bei Königsberg beobachteten. Ich fand sie, jedoch nur in wenigen Exemplaren, im Mai 1858 in der Spree. Sie unterscheidet sich von den verwandten Arten sehr bestimmt durch die ziemlich regelmässige, polygonale Skulptur, mit welcher die Oberfläche des Kopfschildes und der Schale verziert ist. „Testae superficies elegantissime lineis sexangula regularia componentibus ornata est." Zadd. (l. c. p. 28.) — Ausserdem aber tritt die auch den vorigen beiden Arten eigenthümliche Punktirung der Oberfläche bei dem *Pl. ornatus* stärker hervor und erinnert an die analoge Oberflächen-Verzierung bei *Chydorus caelatus*. Der Vorderrand der Schalenklappen ist ziemlich gleichmässig abgerundet; der Unterrand ist merklich

---

[27]) Vergl. Leydig, Naturgeschichte der Daphniden. S. 18.

ausgeschweift und endet in einen einzelnen, deutlich hervortretenden Zacken. — Der undeutlich viereckige Gehirnfleck ist kleiner, als das Auge und diesem näher, als der Schnabelspitze. — Tast- und Ruderantennen wie bei *Pl. trigonellus*. — Länge: ungefähr ½ Millimeter.

4. Pleuroxus striatus.

Vergl. Fig 17 auf Taf. II.

Syn. Pleuroxus striatus Schödler, Die Branchiop. der Umg. von Berlin. I. Beitrag S. 27.
Pleuroxus striatus, Schödler: Die Lynceïden u. Polyphemiden d. Umgegend von Berlin.
A. a. O. S. 25, Taf. II, Fig. 37.

In dieser Art, welche mir schon seit längerer Zeit als eine Bewohnerin unserer Spree bekannt ist, glaubte ich anfänglich die als *Pleuroxus trigonellas* von Baird aufgeführte Lynceïde vor mir zu haben. Bei genauerer Vergleichung aber stellte sich heraus, dass meine Aufzeichnungen mit der betreffenden Beschreibung und Abbildung Baird's nicht in Uebereinstimmung zu bringen waren. Vergl. hiermit weiter unten den *Pleuroxus Bairdii*. Im Habitus, sowie in der Skulptur der Schale, schliesst sich der *Pl. striatus* am meisten dem *Pl. aculeatus* an. Die Dorsalkante der Schale verläuft in ziemlich gleichmässiger Krümmung und ist nach hinten viel weniger abschüssig, als bei *Pl. trigonellus*; der gerade abgeschnittene Hinterrand ist verhältnissmässig länger, als bei den verwandten Arten und misst meist mehr, als ¾ der Schalenhöhe. Der gleichmässig convexe Vorderrand und der nur wenig eingebogene Unterrand der Schale sind mit einem dichten Wimpernkranze umsäumt. Die hintere, untere Schalenecke ist abgerundet und ohne jene Zacken-Bewaffnung, wie sie bei dem *Pl. trigonellus* und den verwandten Arten angetroffen wird. Die Oberfläche der Schale aber zeigt eine gestreifte Skulptur. Die am Hinterrande, wie bei *Pl. aculeatus*, beginnenden Streifen verlaufen in der Längsrichtung und nicht schräg aufwärts, als bei dem *Pl. Bairdii*. — Die Tastantennen überragen mit dem Büschel ihrer geknöpften Tastfäden die Schnabelspitze. — Der dunkle Gehirnfleck ist kleiner, als das Auge, und hält etwa die Mitte zwischen diesem und der Schnabelspitze. — Von den Aesten der Ruderantennen ist der innere mit vier (drei dem Endgliede und eine dem Mittelgliede angehörend), der äussere mit drei, dem Endgliede aufsitzenden, gegliederten Fiederborsten versehen; ebenso ist am freien Ende jedes Arms noch ein kleiner Dorn wahrzunehmen. Besonders hervorzuheben aber ist das abweichend geformte Postabdomen, welches sich nach dem freien Ende hin gleichmässig verschmälert und an *Alona camptocercoïdes* erinnert. Es ist in der Aftergegend nur schwach ausgebuchtet und auf den Rändern der verlängerten Analfurche jederseits mit 7 bis 8 Afterkrallen besetzt. Jede Endklaue ist an der Basis mit zwei ungleichen Krallen versehen.

Hinter dem fünften Beinpaar habe ich auch bei dieser Art ähnliche Bauchanhänge wahrgenommen, wie die oben bei *Pl. aduncus* und *Eur. lamellatus* erwähnten.

In Colorit und Grösse entspricht sie dem *Pl. trigonellus*.

5. Pleuroxus excisus.

Hierzu Fig. 38 auf Taf. II.

Syn. Lynceus excisus, Fischer: Bulletin de la soc. imp. des nat. de Moscou. T. 27, S. 429
Tab. III, Fig. 11—14.
Pleuroxus excisus, Schödler: Die Branchiop. d. Umg. v. Berlin. S. 28.
Pleuroxus excisus, Schödler: Die Lynceiden und Polyphemiden der Umg. von Berlin.
A. a. O. S. 26., Taf. II, Fig. 38.

Diese schon durch ihre eigenthümliche Schalenskulptur von allen anderen leicht zu
unterscheidende Art hat Fischer zuerst in schwach salzigem Wasser am Ausfluss der
Newa aufgefunden. Ich fand sie im Sommer 1858 in den Uppstallgräben bei Rixdorf;
im Juli d. J. auch in zahlreicher Menge in einer Lache im Thiergarten, in der Nähe
des Schlosses Bellevue und besitze sie endlich auch noch aus einem dritten Fundorte:
aus einer mit Gras durchwucherten, im Sommer eintrocknenden Lache im Grunewald.
Die in Fig. 38 in starker Vergrösserung gegebene Abbildung ist nach einem Rixdorfer
Exemplar entworfen. Ich bemerke dies ausdrücklich, weil meine später, nach Exemplaren aus dem Grunewald angefertigten Aufzeichnungen in einzelnen Punkten Abweichungen verrathen, deren Beurtheilung ich einer erneuten Beobachtung an lebenden
Individuen vorbehalten muss.

Nach der Skulptur der Schale zu schliessen, unterliegt es keinem Zweifel, dass
ich weder den *Pl. aculeatus* (Fisch.), an welchen unser Thierchen im Habitus erinnert, noch den *Pl. exiguus* (Lillj.), mit welchem es in der Kopfbildung und in der
Streifung der Schale viele Analogie zeigt, vor mir habe, sondern entweder die Fischer-
sche Art selbst oder wenigstens einen noch näheren Verwandten derselben, als die zuletzt genannte, schwedische Art. — Der Grösse nach gehört der *Pl. excisus* zu den
kleineren Arten der Gattung; denn nach meinen, an Rixdorfer Exemplaren vorgenom-
menen Messungen beträgt seine Länge $\frac{1}{5}$—$\frac{1}{4}$ Millimeter. Dem unbewaffneten Auge
erscheint er auf weissem Grunde als ein schwärzlicher Punkt, unter dem Mikroskop
dagegen zeigt er ein schmutzig-olivenfarbenes Colorit. — Die Schale ist, wie bei der
vorigen Art, gestreift. In dem vorderen, seitlich stark ausgeweiteten Theile der Schalenklappen zieht sich diese Streifung in stark geschwungener Richtung nach oben, dem
ziemlich gleichmässig gebogenen Vorderrande entsprechend, und verwischt sich von der
Mitte aufwärts immer mehr. Bei hinlänglicher Vergrösserung erweisen sich sowohl
Kopfschild als Schale mit einer eigenthümlichen, der Länge nach fein schraffirten,
schuppigen Skulptur überzogen. Der mit langen Wimpern dicht umsäumte Unterrand
der Schale ist in der Mitte ausgeschweift; die hintere, untere Schalenecke ist mit drei
stumpfen Zähnchen versehen. — Der weit überragende Fornix verdeckt einen Theil
der Tastantennen, welche mit dem Büschel ihrer geknöpften Tastfäden die Schnabelspitze überragen.

6. Pleuroxus transversus.

Hierzu Fig. 50 und 53 auf Taf. III.

Syn. Pleuroxus transversus, Schödler: Die Lynceiden und Polyphem. der Umg. v. Berlin. A. a. O. S. 26.

Diese niedliche, aber äusserst winzige, neue Art fand ich im Juli d. J. in der Spree in Gesellschaft von *Pleuroxus aduncus* und *Peracantha truncata.* Sie misst in der Längenachse, welche ungefähr ¼ Millimeter beträgt, nur wenig mehr, als in der Höhendimension und zeigt, von der Rückenseite aus betrachtet, grosse Annäherung an die Kugelgestalt der *Chydorus*-Arten. Ich glaubte in der That, einen *Chydorus nitidus* auf den Objectträger gebracht zu haben und war sehr überrascht, als ich unter dem Mikroskop den Habitus eines *Pleuroxus* und in der abweichend gestreiften Skulptur der Schale eine neue Species kennen lernte.

Kopfschild und Schale sind, wie die ganz correct gehaltene Fig. 52 näher veranschaulicht in übereinstimmender Weise mit deutlich hervortretenden Riefen oder Streifen bedeckt, welche der Scheitelkante entsprechend verlaufen, und somit vom Vorder- und Unterrande beginnend, schräg rückwärts über die Dorsalkante hinweggehen. Eine derartige, fast quer verlaufende Streifung ist mir bis jetzt bei keiner Lynceide begegnet. Kopfschild und Schale sind überdies nur wenig durchsichtig und zeigen ein horngelbes Colorit.

Der freie Vorder- und Unterrand der Schale ist mit dicht stehenden Wimpern umsäumt. Letzterer endigt nach hinten mit einem kleinen, rückwärts gerichteten Zacken und ist etwa gegen die Mitte stark convex gebogen. Der Hinterrand ist nicht bewimpert und steigt ziemlich gerade aufwärts. Die Dorsalkante des in der Seitenlage beobachteten Thierchens ist ziemlich gleichmässig convex, fällt jedoch nach hinten etwas abschüssiger ab, als dies nach vorn gegen die Scheitellinie hin der Fall ist.

In der Form des Kopfes, in der Bildung der Tast- und Ruderantennen habe ich eine wesentliche Abweichung von den entsprechenden Typen unseres *Pleuroxus trigonellus* nicht wahrgenommen. Das Labrum trägt einen halbmondförmigen, stark zugespitzten Fortsatz. Der schwarze Gehirnfleck ist rundlich, kleiner als das Auge und liegt diesem näher, als der Schnabelspitze.

Das Postabdomen (Fig. 53) ist um die Aftergegend beträchtlich ausgeschweift und verbreitert sich in gleichmässiger Abrundung nach dem freien Ende hin. Auf den Rändern der verlängerten Analfurche ist es jederseits mit acht ziemlich geraden Afterkrallen bewaffnet, und an der Basis jeder Endklaue ist eine ähnliche, secundäre Kralle wahrzunehmen.

[7.] Pleuroxus Bairdii.

Syn. Pleuroxus trigonellus, Baird: Brit. Entom. p. 134, tab. XVII, fig. 3 und 3a—c.

Unter dieser Benennung erlaube ich mir die von dem fleissigen Beobachter der britischen Entomostraceen-Fauna als *Pl. trigonellus* beschriebene Lynceide hier zu registriren, da ich sie, wie bereits angedeutet worden ist, weder mit dem oben angeführten *Pl. trigonellus* (Müll.), noch mit einer anderen der mir bekannten Arten in völligen Einklang zu bringen vermag. Im Habitus schliesst sie sich, wie aus der Beschreibung und Abbildung Baird's zu ersehen ist, allerdings wohl dem *Pl. trigonellus* zunächst an; doch spricht gegen die Identität beider Arten: 1) die gestreifte Skulptur der Schalenoberfläche, 2) die Ausrüstung der Ruderantennen. Was den ersteren Punkt anlangt, so sagt die kurze Beschreibung Baird's hierüber allerdings nichts; doch ist in der beigegebenen Fig. 3 auf Tab. XVII hat der genannte Beobachter eine analog gestreifte Schalenskulptur deutlich hervorgehoben, wie die, welche uns oben bei den *Acroperus*-Arten begegnet ist, und wie sie uns bei dem weiter unten anzuführenden *Rhypophilus uncinatus* wieder entgegentreten wird. Diese Streifung der Schale erstreckt sich nämlich, vom Hinter- und Unterrande beginnend, in schräg aufsteigender Richtung nach vorn, und scheint sich auf dem Kopfschilde allmählig zu verwischen. Vergl. hiermit die bei *Pl. striatus* hervorgehobene, hierauf bezügliche Bemerkung. — In Betreff der Ruderantennen berichtet der genannte Autor (l. c. p. 134) wörtlich: „Inferior antennae or rami short and slender. The anterior branch has four setae, one from first articulation, one from second, and two from last. Posterior branch has three setae, all springing from last joint." Hiernach liegt also eine Abweichung von dem *Pl. trigonellus* (Müll.) sowohl in der Anzahl, wie in der Vertheilung der Fiederborsten vor, und auch dem in der Schalenskulptur ähnlichen *Pl. striatus* gegenüber ist die verschiedene Anordnung der vier Fiederborsten des inneren Arms („anterior branch" Bd.) hervorzuheben. Dieser bestimmt ausgesprochenen Angabe Baird's zufolge scheint somit, abgesehen von der geringeren Anzahl der Fiederborsten am innern Arm (vier statt fünf), eine vollständige Verkümmerung der einen der drei Borsten des freien Endes, von welchen die eine auch bei *Pl. trigonellus* schon um etwa ein Drittel kürzer auftritt, der britischen Art eigenthümlich zu sein.

[8.] Pleuroxus exiguus.

Syn. Lynceus exiguus, Lilljeborg: De Crust. ex ord. trib. Clad. etc. p. 79, tab. VII, fig. 9 u. 10.
Lynceus exiguus, Leydig: Naturg. d. Daphniden. S. 228.

Diese von Lilljeborg in einem stehenden Gewässer bei Westra Wram in Schweden aufgefundene Art hält Leydig unbegründeter Weise für identisch mit dem *Pleuroxus excisus*. Die von Leydig mitgetheilte Charakteristik ist der Fischer'schen Beschreibung des *Pleuroxus excisus* entlehnt und stimmt nicht mit der Schilderung überein, welche Lilljeborg von der oben genannten Art gegeben hat. Im Habitus allerdings erinnert dieselbe unverkennbar an den *Pl. excisus* und auch an die folgende Art; doch unterscheidet sie sich von beiden zunächst durch die Skulptur der Schalenoberfläche, sowie durch die Form und Bewehrung des Postabdomens.

7*

Kopfschild und Schale sind von einem doppelten System erhabener, sich kreuzender Linien oder Striemen („uppstående strimor") überzogen, von welchen die der Länge nach verlaufenden („längsgående strimor") am deutlichsten hervortreten. Aber weder auf der dadurch entstandenen rautigen Skulptur der oberen Schalenpartie und des Kopfschildes, noch auf dem stärker bauchig aufgetriebenen und unregelmässig wabig gezeichneten, unteren Theile der Schalenklappen ist eine Spur von jener feinen Schraffirung vorhanden, wie sie dem *Pl. excisus* eigenthümlich ist. Und selbst unter der Voraussetzung, dass diese hier ebenfalls vorhanden, aber von dem sorgfältigen, schwedischen Beobachter, dem nur zwei Exemplare zur Verfügung standen, übersehen worden wäre, würde ich die Verschiedenheit der beiden in Rede stehenden Arten schon wegen der abweichenden Form der Schale behaupten. Der mit sehr langen Wimpern besetzte Unterrand der Schalenklappen ist schwach, aber gleichmässig convex („bilda en jemn båge") bei *Pl. exiguus*; während derselbe bei dem *Pl. excisus*, welcher mir aus drei verschiedenen Fundorten bekannt ist, gegen die Mitte stets eine concave Ausbuchtung zeigt. Die hintere, untere Schalenecke ist nicht mit „vier", sondern mit zwei („tvenne taggar, bildade genom inskärningar i skalet"), durch Einkerbung des Hinterrandes entstandenen Zacken versehen.

Für die specifische Verschiedenheit des *Pl. exiguus* spricht ferner noch unverkennbar die ganz abweichende Form und Bewehrung des Postabdomens. Letzteres verjüngt sich in gleichmässiger Abrundung gegen das freie Ende hin und trägt ausser der dichten Reihe von Afterkrallen, welche jedem Rande der verlängerten Analfurche aufsitzen, noch oberhalb derselben jederseits eine zweite Reihe von kurzen Krallen. Die beiden Abdominal-Klauen haben an der Basis ihrer unteren Kante einen langen Zacken („en long tagg").

Grösse: ungefähr ¼ Millimeter lang.

[9.] Pleuroxus aculeatus.

Syn. Lynceus aculeatus, Fischer: Ueber d. in d. Umgeb. v. St. Petersburg vork. Branchiop. Mém. de l'Acad. de St. Pétersbourg T. VI, S. 192, Taf. X, Fig. 1 u. 2.

In Betreff der vorstehenden Art ist im Widerspruch mit Lilljeborg[28]) und Leydig[29]), welche dieselbe für identisch mit dem *Pleuroxus trigonellus* halten, die von Fischer (l. c. p. 192) aufgeworfene Frage: „An Lynceus trigonellus O. F. Mülleri?" nach meiner Einsicht unbedingt zu verneinen. Wenn man die Abbildung und Beschreibung Fischer's sorgfältig zu Rathe zieht, so erinnert diese russische Art in ihrem ganzen Habitus zunächst an den *Pl. excisus;* sie unterscheidet sich von dieser aber

---

28) Vergl. Lilljeborg: De Crust. etc. p. 80.
29) Vergl. Leydig: Naturg. d. Daphn. p. 228.

sehr bestimmt durch die Skulptur der Schalenoberfläche, worin sie mit unserem *Pl. striatus* am meisten übereinstimmt.

Die Oberfläche der Schale nämlich ist, wie Fischer in seiner Fig. 1 (a. a. O.) deutlich hervorhebt, der Länge nach gestreift, aber weder strukturlos, wie bei dem *Pl. trigonellus*, noch rautig gezeichnet und schraffirt, wie bei dem *Pl. excisus*. Wie bei letzterem und dem *Pl. exiguus*, ist die untere, hintere Schalenecke „mit zwei oder drei stumpfen Stacheln oder Vorsprüngen versehen", und auch die obere, hintere Schalenecke hat einen ähnlichen, stumpfwinkligen Vorsprung aufzuweisen.

Als anderweitige Abweichung von dem *Pl. trigonellus* verdient noch bemerkt zu werden, dass der schwarze Gehirnfleck sehr klein (verhältnissmässig viel kleiner als bei jener Art) ist und auch der Schnabelspitze näher liegt, als dem Auge. Endlich erscheint auch das Postabdomen, wie es Fischer in Fig. 1 abbildet, mehr gleichmässig abgerundet und verbreitert, als geradlinig abgestutzt, wie dies bei dem *Pl. trigonellus* der Fall ist. — In der Grösse („⅓ paris. Linie Länge") schliesst sich der *Pl. aculeatus* ebenfalls mehr dem *Pl. striatus* an, als dem *Pl. excisus*, welcher etwa halb so gross angetroffen wird. — Colorit „gelblich grün."

Nach meinem Dafürhalten ist dieser Gattung endlich auch noch die folgende Lynceide zuzuweisen, welche Cl. Gay in Chile aufgefunden hat. Sie scheint sich in ihrem Habitus dem *Pl. ornatus* anzuschliessen.

[10.] Pleuroxus nasutus.

Syn. Lynceus nasutus, Gay: Historia física y política de Chile. Zoologia. Tom. III (1849), p. 291. Lynceus nasutus, Lubbock: On the Freshwater Entom. of. South America. Transact. of the Entom. Soc. of London. New. Ser. Vol. III p. 235.

„Albo-flavescens, capite elongato inflexo rostriformi; testa postice truncata, angulo externo spiniformi."

Eine sehr kleine Species, deren Kopf sich in einen langen, nach unten gekrümmten Schnabel verlängert, mit einem sehr kleinen, augenförmigen Fleck unterhalb des Auges, welches viel grösser ist, als jener. Die Schale ist hinten gerade abgestumpft und an ihrer hinteren, winkeligen Ecke mit einem starken Dorn versehen. — Sie hat ein weissgelbes, sehr blasses und einförmiges Colorit.

Fundort: San Chárlos de Chiloe in einem mit Conferven durchwucherten Gewässer.

Gatt. 8. **Rhypophilus** [*]) n. g.

In diesem neuen Genus, welches der oben (S. 6) angegebenen Zahl der Gattungen hinzuzufügen bleibt, umfasse ich drei Lynceiden, welche in ihrer Organisation und Lebensweise eine überraschende Uebereinstimmung zeigen. Die eine der hierher gehörigen Arten ist neu und findet sich in der vor einigen Monaten publicirten Uebersicht der Berliner Lynceiden-Fauna als *Pleuroxus glaber* aufgeführt; die andere ist der *Pleuroxus uncinatus* Bd. und die dritte der *Lynceus personatus* Leyd.

Diagnose. Im Habitus schliesst sich diese Gattung unverkennbar der vorhergehenden an; sie unterscheidet sich aber von derselben schon äusserlich durch die abweichende Bildung des Kopfes, sowie andrerseits durch den einfacheren Verlauf des Nahrungskanals. — Der Kopf verlängert sich in einen langen, zugespitzten Schnabel, dessen Spitze hakenförmig nach vorn umgebogen ist. Der Kopfschild ist schmal und bildet keinen Fornix; so dass sowohl die Tastantennen, wie der Stamm der Ruderantennen frei hervortreten. Das Auge liegt unmittelbar unter der Scheitelkante und ist grösser, als der dunkle, unmittelbar über der Basis der Tastantennen liegende Pigmentfleck; es ist beweglich und mit zahlreichen Krystallkörpern versehen.

Die Tastantennen sind konisch geformt, kürzer als der Schnabel und am freien Ende mit einem Büschel gleicher, geknöpfter Tastfäden, sowie in der Mitte der vorderen Fläche mit einer einzelnen, lanzettlichen, zarten Borste ausgestattet.

Der ganz frei bewegliche Stamm der Ruderantennen trägt zwei ziemlich gleiche, dreigliedrige Arme, welche mit je einem Dorn und drei bis vier gegliederten Fiederborsten ausgerüstet sind.

Die bei Weibchen bedeutend gewölbte und seitlich stark ausgeweitete Schale fällt in der Dorsalkante nach hinten sehr abschüssig ab und ist am freien Hinterrande, wie bei *Pleuroxus*, gerade abschnitten. Die Vorderecke jeder Schalenklappe ist ziemlich gleichmässig abgerundet und weit vorgeschoben. Der Unterrand verläuft ziemlich gerade und ist mit gefiederten Wimpern dicht umsäumt. Der Hinterrand, welcher keinen Wimpernkranz aufzuweisen hat, ist unmittelbar über seiner unteren Ecke mit mehreren übereinander stehenden, rückwärts gewendeten Zacken besetzt.

Das Postabdomen ist verhältnissmässig breit, von den Seiten her stark zusammengedrückt und gegen die Mitte seiner Dorsalkante, woselbst der After liegt, stark ausgebuchtet. Endklauen und Afterkrallen-Besatz sind ähnlich, wie bei Pleuroxus.

Der Nahrungskanal, welcher keinerlei blinddarmähnliche Anhänge aufzuweisen hat, vollführt einzig und allein in den mittleren Leibessegmenten, wie bei *Eurycercus,* eine vollständige Umwindung, und nimmt von da ab seinen Verlauf längs der Dorsalkante bis zu der oben angedeuteten Ausmündungsstelle.

. Eine cavernöse, im vorderen Theil der Schalenklappen verlaufende Schalendrüse ist vorhanden; von einem „Haftorgan" aber keine Spur wahrzunehmen.

---

[*]) Von ὁ ῥύπος, Schmutz und φιλεῖν.

1. Rhypophilus glaber.

Hierzu Fig. 54—56 auf Taf. III.

Syn. Pleuroxus glaber, Schödler: Die Lynceiden u. Polyphemiden der Umgegend von Berlin.
A. a. O. S. 26.

Diese interessante Lynceide, die in deutscher Uebertragung zutreffend als skulpturloses „Schmutz-Peterchen" zu bezeichnen sein möchte, fand ich im Juli d. J. in der Spree, jedoch nur in einem einzigen Exemplar, einem Weibchen mit zwei Embryonen im Brutraume. Ich befand mich während eines heftigen Platzregens am Fluss; das flache Wasser der sumpfigen Uferstelle, an welcher ich mit meinem Käscher nach Lynceiden umhersuchte, wurde durch die heftig herabfallenden, Blasen bildenden Regentropfen stark getrübt. Ich füllte die während des Regens erhaschte Ausbeute in eine besondere Flasche, und hatte die Freude, in dieser den *Rhypophilus glaber* in Gesellschaft des *Lynceus rostratus* Kch. vorzufinden. Ich habe seitdem an derselben Stelle und an ähnlichen Uferstellen wiederholentlich nach meinem Schmutz-Peterchen gesucht, aber leider bis jetzt vergeblich.

Die vorstehende Art ist zunächst an der glatten, skulpturlosen Beschaffenheit der Schalenoberfläche sehr leicht und bestimmt von den beiden folgenden Arten zu unterscheiden. Kopfschild und Schale zeigen nämlich, wie bei dem *Pl. trigonellus* keine andere Skulptur, als die allen anderen Arten zukommende feine Punktirung. In der Gestalt (vergl. Fig. 54) schliesst sich die neue Art näher der folgenden an, als dem *Rhypophilus personatus*. — Colorit schmutzig horngelb. — Der schwarze Pigmentfleck ist rundlich und erheblich kleiner, als das Auge. — Die Tastantennen sind etwa halb so lang, als der Schnabel. Von den Aesten der Ruderantennen trägt ein jeder drei gleich lange, gegliederte Fiederborsten und einen kurzen Dorn am freien Ende der innere Ast aber hat auch noch an dem Mittelgliede eine Fiederborste aufzuweisen Die Oberlippe ist mit einem halbmondförmigen Fortsatz versehen. — Der ziemlich gerade aufsteigende Hinterrand der Schale erreicht bei dem vorliegenden Exemplar noch nicht die halbe Schalenhöhe und ist an seiner unteren Ecke mit zwei deutlich ausgeprägten Zacken besetzt. Die Dorsalkante der wenig durchsichtigen, mit anhängenden Schmutztheilchen bedeckten Schale ist gleichmässig, aber stark convex und fällt nach hinten ziemlich steil ab. Der dichte Wimpernkranz des Unterrandes erstreckt sich aufwärts bis auf den halben Vorderrand.

Das Postabdomen (vergl. Fig. 56) verschmälert sich etwas nach dem freien Ende zu und ist auf den Rändern der verlängerten Analfurche jederseits mit zwölf Afterkrallen bewehrt. Die wenig gekrümmten Endklauen sind an der Basis ihrer concaven Kante mit zwei ungleichen, hinter einander stehenden, sekundären Krallen versehen. — Vor der stark ausgebuchteten Aftergegend zeigt die Dorsalkante des Postabdomens noch eine flache Ausbuchtung. Die der Gelenkstelle aufsitzenden beiden Caudalborsten sind fein gefiedert.

Ueber die Struktur der Beine habe ich, weil ich mir mein Unicum nicht zerstören wollte, nichts Näheres ergründen können.

Grösse: Kleiner als der *Pl. trigonellus*; ungefähr ¹/₃ Millimeter lang.

[2.] Rhypophilus uncinatus.

Syn. Pleuroxus uncinatus, Baird: British Entom. p. 135, tab. XVII, fig. 4.
Lynceus uncinatus, Leydig: Naturg. d. Daphn. S. 228.

Im Habitus der vorhergehenden Art gleichend, unterscheidet sich diese britische Species doch sehr bestimmt durch die Skulptur der Schale, welche ebenso gestreift oder cannelirt („shell fluted") ist, wie bei dem *Pl. Bairdii.* Diese Streifung verläuft nämlich auch hier, vom Unter- und Hinterrande beginnend, in schräg aufsteigender Richtung nach vorn. Die hintere, untere Ecke der Schale ist mit drei rückwärts gewendeten, spitzen Zacken besetzt. Der Rüssel des Kopfs hat eine etwas divergirende Richtung zum Vorderrande der Schalenklappen, ist also mehr vorwärts gestreckt, als bei dem *Rh. glaber.* — Von den Aesten der Ruderantennen ist nach Baird's Abbildung (Fig. 4 l. c.) jeder mit vier Fiederborsten ausgerüstet, von denen je drei dem freien Ende und eine dem Mittelgliede aufsitzen.

Grösse: Beinahe eben so gross als der *Pl. Bairdii.*

Fundort: Ein Teich zwischen Hanwell und Southall, Middlesex.

[3.] Rhypophilus personatus.

Syn. Lynceus personatus, Leydig: Naturg. d. Daphn. S. 227, Taf. IX, Fig. 70.

Diese ebenfalls gut charakterisirte Art fand Leydig öfters in dem Schliersee. „Sie ist klein, gelblich, hält sich gern im Schmutz auf, von dem auch immerfort etwas an der Schale kleben bleibt. Der untere Schalenrand behaart, am Ende der Haarreihe hinten drei kurze Dornen, doch erst jenseits derselben das eigentliche Schaleneck. Skulptur der Haut von zelliger Form. Die Cuticula des Postabdomens ist schwärzlich, ebenso die freien Enden der Kiefer, die Borsten der Ruderantennen. Die Schalendrüse cavernös. Das Auge hat viele Krystallkegel, das Nebenauge mässig gross."

Gatt. 9. **Lynceus** i. sp.

In diese engere Umgrenzung des alten Genus verweise ich den Restbestand der seither erforschten, mir bekannten Lynceiden,[21] über welche leider noch nicht ausreichende Beobachtungen vorliegen. Speciell im Auge habe ich hierbei zunächst den mir aus eigener Beobachtung bekannten *Lynceus rostratus* Kch., welcher auch von Lilljeborg in Schweden, sowie von Leydig im Karrachsee bei Rothenburg a. d. T. wieder vorgefunden worden ist; sodann aber den *Lynceus griseus*, welchen Fischer in schwach salzigem Wasser am Ausfluss der Newa aufgefunden hat. Dem Habitus nach würde jener meines Erachtens sich noch am Besten der Gattung *Alona* unterordnen lassen; während dieser hierin mehr an die Gattung *Eurycercus* erinnert. Für keinen von beiden aber ist, wenigstens aus den bis jetzt vorliegenden Beobachtungen, welche fast ausschliesslich nur äusserliche Verhältnisse berühren, die angedeutete Zugehörigkeit genau zu erweisen. Die bohnenförmige Gestalt des in der Seitenlage beobachteten *Lynceus rostratus*, sowie die eigenthümliche, von der horizontalen oder Längsrichtung erheblich abweichende Streifung der Schale, passen nicht in den oben angedeuteten Rahmen der Gattung *Alona*. In letzterer Beziehung erinnert mich der *L. rostratus* zunächst an die im Grunewald aufgefundenen Exemplare des *Pl. excisus*, während der *L. griseus* Fisch. sich hierin mehr an die *Acroperus*-Arten anlehnt. In der Kopfbildung weichen beide erheblich von einander ab; der *L. rostratus* ähnelt darin am meisten dem *Pl. aduncus*, der *L. griseus* dagegen mehr dem *Eur. laticaudatus*. Gegen die Vereinigung des *L. griseus* mit der Gattung *Eurycercus* aber spricht ins Besondere die abweichende Gestalt des Postabdomens. Auch möchte ich nach der von Fischer gegebenen Abbildung die Lage des Afters bei dieser Art nicht an dem freien Ende des Postabdomens, unmittelbar unter den Endklauen suchen, wie dies für eine *Eurycercus*-Art erforderlich sein würde, sondern vielmehr an der ausgebuchteten Stelle der Dorsalkante, wie bei den übrigen Gattungen. Bei dem mir vorliegenden *L. rostratus* (vergl. Fig. 60 auf Taf. III.) liegt die Afterspalte ebenfalls an der so eben bezeichneten Stelle; während Lilljeborg (l. c. tab. VI, fig. 9) dieselbe ebenfalls, aber wohl nur irrthümlicher Weise an das Ende verlegt.

Eine genauere Diagnose der Gattung späterer Beobachtung vorbehaltend, hebe ich in Kürze noch einige Besonderheiten hervor, welche für spätere Beobachtungen beachtenswerth sein dürften.

---

[21] Ausser den auf S. 26, Anm. 13 erwähnten vier *Alona*-Arten, welche King in australischen Süssgewässern aufgefunden hat, sind mir auch die von demselben Beobachter beschriebenen Arten der Gattungen *Eurycercus* (2 Sp.) und *Chydorus* (ebenfalls 2 Sp.) unbekannt geblieben. Ebenso habe ich leider vergeblich nach Belehrung über das neue Genus *Dunhevedra* King umhergesucht.

1. Lynceus rostratus.

Hierzu Fig. 60 auf Taf. III.

Syn. Lynceus rostratus, **Koch**: Deutschlands Crustaceen, Myriap. etc. H. 36, Taf. 12.
Lynceus rostratus, **Lilljeborg**: De Crust. ex ord. trib. Clad. p. 75, tab. VI, fig. 9.
?Lynceus rostratus, **Leydig**: Naturg. d. Daphniden S. 227.
Lynceus rostratus, **Schödler**: D. Lynceid. u. Polyphem. d. Umg. v. Berlin. A. a. O. S. 76.

Fundort: Spree. — Grösse: Kaum ½ Millimeter lang.

Wie oben angedeutet worden, ist die Identität der von Leydig beobachteten Lynceide mit der mir vorliegenden in Frage zu stellen. Nach meinen Aufzeichnungen stimmt unser langschnäbliger Spreebewohner dagegen ziemlich gut mit der schwedischen Art überein.

Der Kopf verlängert sich in einen sehr langen, zugespitzten Schnabel, welcher der weit vorspringenden Ecke der Schalenklappen entsprechend verläuft und fast bis zum Niveau des Unterrandes hinabreicht. — Das von zahlreichen Krystallkörpern durchsetzte Auge liegt unmittelbar unter der Scheitelkante und ist nur unbedeutend grösser, als der rundliche, schwarze Gehirnfleck, welcher von der Schnabelspitze fast dreimal so weit entfernt liegt, als von dem Auge. — Der Fornix des Kopfschildes verdeckt einen Theil der Tastantennen und den Stamm der Ruderantennen fast gänzlich. Erstere sind konisch geformt und an dem freien Ende mit einem Büschel gleicher, geknöpfter Tastborsten versehen. welche die Schnabelspitze nicht erreichen. Die der vorderen Fläche aufsitzende, einzelne Borste ist lanzettlich, nach vorn gekrümmt und etwa von gleicher Länge, als die Tastborsten des Endbüschels.

Der äussere Arm der Ruderantennen trägt an dem Ende seines Basalgliedes und zwar an der äusseren Kante einen kräftigen Dorn, an dem Ende des Mittelgliedes eine gegliederte Fiederborste, sowie an dem freien Ende des letzten Gliedes einen Dorn und drei gegliederte Fiederborsten, von denen die dem Dorn anliegende merklich kürzer ist, als die beiden anderen. Das Basalglied des inneren Armes trägt keinen Dorn; dagegen ist das Mittel- und Endglied mit derselben Ausrüstung versehen, wie an dem äusseren Arm.

Form und Skulptur der Schale stimmen im Wesentlichen mit der von Lilljeborg gegebenen Schilderung überein. Kopfschild und Schale nämlich sind der Länge nach gestreift oder vielmehr gerippt. Die bohnenförmig gestalteten Schalenklappen, welche in der Dorsalkante stark gewölbt, in der Mitte des Unterrandes merklich ausgebuchtet sind, bedingen einen mehr geschwungenen, von der horizontalen Richtung sichtlicher abweichenden Verlauf jener Streifung, als dies bei einer gestreiften *Alona*-Schale der Fall zu sein pflegt. Während die oberen Streifen der Schale der Dorsalkante analog, bis über den Kopfschild verlaufen, so wenden sich die mittleren in immer kürzerem Verlauf abwärts und zwar in Bogen, welche dem stark convexen Vorderrande entsprechen, um auf dem Unterrande zu endigen. Durch gegenseitige Durchkreuzung dieser und der von dem Unterrande schief aufsteigenden, feinen Linien wird in der unteren Partie der Schalenklappen eine rautige Skulptur gebildet, welche derjenigen analog ist, wie wir sie bei dem *Pl. excisus* und *Pl. exiguus* kennen gelernt haben. Der convexe Hinterrand geht in gleichmässiger Krümmung in den dicht bewimperten Unterrand über. Von einem Zackenbesatz ist an dieser Uebergangsstelle keine Spur zu entdecken.

Das Postabdomen (vergl. Fig. 60) ist ziemlich gleich breit, in der Aftergegend erheblich ausgebuchtet und gegen das Ende gleichmässig abgerundet. Die Ränder der verlängerten Analfurche sind jederseits mit 10 zugespitzten Afterkrallen besetzt, von denen die mittleren am längsten sind. Die beiden langen Endklauen sind an der Basis ihrer concaven Kante mit einer schräg stehenden, zugespitzten Kralle bewehrt. Die vor der Gelenkstelle sitzenden beiden Caudalborsten sind fein gefiedert.

Nähere Aufschlüsse über die innere Organisation muss ich späterer Mittheilung vorbehalten. Der Nahrungskanal verhält sich in den mittleren Leibessegmenten, wie bei *Pleuroxus*; doch habe ich über seinen weiteren Verlauf noch nicht ins Klare kommen können. — Die Männchen dieser Art sind noch nicht bekannt.

Lilljeborg berichtet leider nur nach einem einzigen Individuum, welches er in einem stehenden Gewässer bei Trolle Ljungby aufgefunden hatte, und somit ist nicht mit Sicherheit zu ermessen, in wieweit etwaige Abweichungen im Habitus auf Rechnung der Alters- oder Entwicklungsstufe zu setzen seien. So zeigte das von mir gezeichnete Exemplar keine so bemerkenswerthe Verflachung in der Nackengegend, wie sie der schwedische Beobachter in seiner Beschreibung und Abbildung hervorhebt. Auch ist bei meinem *L. rostratus* der Kopf nicht so weit vorgestreckt, als dies nach Lilljeborg's Abbildung (l. c. tab. VI., fig. 9) der Fall sein soll. Die abweichende Darstellung der Tast- und Ruderantennen aber dürfte der vorausgesetzten Identität beider Arten wohl nicht entgegenstehen; denn der betreffende Text sagt nur: „Första och andra paret antenner synas hafva samma bildning, som hos föregaende", d. i. wie bei *Al. quadrangularis*, mit welcher Lilljeborg seinen *L. rostratus* zunächst vergleicht.

Auch Leydig hat seine kurze Mittheilung (l. c. p. 227), wie es scheint, nur einem einzigen Exemplar entnehmen können. Die von der obigen Darstellung abweichenden Punkte seiner Beschreibung beziehen sich ins Besondre: 1) auf den hinteren Schalenrand, welcher nach Leydig „ziemlich gerade" und „am hintern, untern Winkel mit zwei nach abwärts gerichteten Dornen" versehen ist; 2) auf den unteren Schalenrand, welchen der genannte Beobachter als „fast gerade (eine schwache Einbiegung kaum angedeutet)" bezeichnet, während ich in Uebereinstimmung mit Lilljeborg hier eine starke Einbiegung hervorzuheben habe.

[2.] Lynceus griseus.

Syn. Lynceus griseus, Fischer: Bulletin de la soc. imp. des nat. de Moscou 1854. T. 27, S. 430, Taf. III, Fig. 17—20.

Lynceus griseus, Leydig: Naturg. d. Daphniden S. 281.

Gestalt länglich-oval. Colorit „grau oder graulich-schwarz." Der obere Rand der Schale ist stark convex, steigt nach hinten schief herab und verbindet sich mit

8 *

dem Hinterrande unter einem rechten Winkel. Hinterrand anfangs gerade und dann gekrümmt; bei einigen Individuen an der unteren Ecke mit drei spitzen Stacheln versehen. Unterrand annähernd gerade, gegen die Mitte schwach ausgebuchtet und mit ziemlich langen Wimpern besetzt. Der stumpfschnabelige Kopf ist, wie bei dem *Campt. rectirostris*, horizontal nach vorn gestreckt. Die Oberfläche der Schale ist mit geschwungenen Linien oder Streifen versehen, die besonders gegen den oberen Rand hin sehr stark ausgedrückt sind. Von der Mitte der Schale gegen den Unterrand ist dies weniger der Fall und die Richtung der Linien ist mehr eine gekrümmte von oben nach unten. Auch bemerkt man daselbst häufig die Felder zwischen den Linien mit verschobenen Vierecken gezeichnet. Auge und Nebenauge sind sehr deutlich und von schwarzer Farbe. Der vordere Ast der Ruderantennen trägt am zweiten Gliede eine zweigliedrige Ruderborste, am Ende des dritten Gliedes drei Borsten und einen Stachel; der hintere Ast dagegen an dem ersten Gliede einen sehr starken Stachel und am Ende des dritten Gliedes drei Ruderborsten und einen Stachel. — Das Postabdomen ist ziemlich stark und hinter seinen Klauen an dem stark convexen Hinterrande mit 11—13 Stacheln bewaffnet. — Grösse: ½ Lin. lang.

Fam. IV. Polyphemidae.

Polyphemidae, Baird: British Entomostraca p. 111.
Polyphemidae, Dana: Crustacea. P. II, p. 1264.

Sie umfasst die Achtfüssler unter den Cladoceren. Der verhältnissmässig grosse Kopf dieser Thierchen wird in seinem vorderen, kugelförmig abgerundeten Theile fast ausschliesslich von dem grossen, zusammengesetzten Auge ausgefüllt und erinnert in dieser Beziehung an die Daphniden-Gattungen *Ceriodaphnia* und *Moina*. Die der unteren Seite des Kopfes angefügten Tastantennen sind nur klein; dagegen sind die Ruderantennen vorwiegend stark entwickelt. Durch sie ausschliesslich vermitteln die Polyphemiden die Locomotion; da das abweichend gebildete Postabdomen ihnen hierfür eine Beihülfe nicht gewährt. Der kräftige Stamm der Ruderantennen trägt zwei ziemlich gleiche Aeste, welche drei- bis vierfach gegliedert und mit zahlreichen Fiederborsten besetzt sind. Von Mundtheilen ist eine lange, wulstige Oberlippe, ein Paar kräftige Mandibeln und eine Unterlippe überall deutlich wahrzunehmen; aber auch ein Maxillenpaar scheint vorhanden zu sein. Die den Kopf deckende Haut (Kopfschild) lässt einen seitlichen, dachartigen Vorsprung (Fornix), wie bei den Lynceiden, nicht hervortreten.

Der das Herz umschliessende Thorax ist gegen den hinteren Theil des Kopfes (Hinterkopf) in der Regel durch eine deutliche Einkerbung abgesetzt und trägt eine nicht bivalve Schale, welche das Abdomen seitlich nur bis zu den Wurzelgliedern der Beine und nach hinten nur bis zu den beinlosen Segmenten umhüllt. Das Postabdomen ist wenig entwickelt; dagegen nimmt der die Caudalborsten tragende, warzenförmige Fortsatz desselben zuweilen, wie bei *Bythotrephes*, eine sehr auffällige Ausdehnung an. Die vier Paar Beine des Abdomens liegen frei; sie sind in der Regel vierfach gegliedert und fast ausschliesslich für den Dienst des Mundes organisirt, dem sie die animalische Nahrung zuführen, von welcher die Polyphemiden sich, wie es scheint, vorzugsweise ernähren.

Der Nahrungskanal, an welchem ein Schlund, Magen und Darm zu unterscheiden ist, durchzieht in einfachem Verlauf den Körper und nimmt seine Ausmündung an dem bald stummelartig abgerundeten, bald gabelförmig gespaltenen Ende des Postabdomens. Eierstöcke und Hoden bieten in Form und Lage, soweit diese bis jetzt ermittelt worden sind, ein analoges Verhalten dar, wie bei den Daphniden.

Der bis jetzt ermittelte Bestand dieser Familie vertheilt sich auf folgende fünf Gattungen:

Pleopis D., *Podon* Lillj., *Evadne* Lov., *Polyphemus* Müll. und *Bythotrephes* Leyd.

Gatt. 1. Pleopis.

Pleopis, Dana, Crustacea. P. II, p. 1275.
Pleopis, Sars: Om de i Omeg. af Christiania for. Clad. II B. p. 44.

Kopf und Thorax sind durch eine deutliche Einbuchtung geschieden. Kopf ziemlich gross, nur wenig kürzer als der Leib; vorderer Theil kugelförmig verdickt. Am Hinterkopfe ein unpaariges Haftorgan. Abdomen nur wenig abwärts gekrümmt; am freien, zugespitzten Ende (Postabdomen) gabelförmig gespalten und mit kurzen, ziemlich geraden Klauen versehen. Die beiden Caudalborsten des Postabdomens sind sehr kurz.[35] Der Stamm der Ruderantennen trägt zwei ziemlich gleiche Aeste, von denen der eine aus drei, der andere aus vier Gliedern besteht. Die das Abdomen bis zu den Basalgliedern der Beine umhüllende Schale ist über dem Brutraum der Weibchen blasig aufgetrieben und nach hinten abgerundet. Die Beine sind viergliedrig und nehmen an Länge von dem ersten bis zum vierten Paare stetig ab; sie besitzen keinerlei Kiemenanhänge und sind an den Endgliedern längs des Innenrandes mit langen Borsten besetzt.

---

[35] Bei Dana l. c. p. 1275 heisst es zwar: „Adomen crassum, extremitate furcatum, setis apicalibus nullis"; doch finden sich in der Fig. 8a, pl. 89 zwei kurze Caudalborsten verzeichnet.

1. Pleopis brevicaudis.

Syn. Polyphemus brevicaudis, Dana: Proc. Amer. Acad. Sc. II. 49.
Pleopis brevicaudis, Dana: Crustacea. P. II, p. 1275, pl. 89, fig. 8 (a—c).

Der fast kugelförmige, vordere Theil des Kopfes wird von dem grossen, beweglichen Auge ausgefüllt. Herz oval. Der Stamm der Ruderantennen ist etwas länger, als die Aeste. Diese selbst sind ziemlich gleich lang; der eine derselben trägt fünf Borsten, von denen je eine dem Basal- und Mittelgliede und drei dem freien Ende aufsitzen; der andere aber nur vier; bei diesem fehlt die Borste des Basalgliedes. Abdomen kurz und stämmig; nur mit dem zugespitzten, gabelig getheilten Ende (Postabdomen) über den Rand der Schale hinausreichend.

Länge: „¹/₁₀ Zoll."

Fundort: Atlantisches Meer, unter 41° s. Br. und 62° w. L. bei Rio Negro. Jan. 1839.

2. Pleopis polyphemoides.

Syn. Evadne polyphemoides, Leuckart: Ueber das Vork. eines saugnapfartigen Haftapparates.
Archiv für Naturg. XXV, 1, S. 262, Taf. VII, Fig. 5.

Der dreigliedrige Arm der Ruderantennen hat fünf Ruderborsten, von denen je eine dem Basilar- und Mittelgliede und drei dem Endgliede angehören; der viergliedrige dagegen sechs, von denen je eine dem ersten, zweiten und dritten, und drei dem Endgliede aufsitzen. Beine viergliedrig; an Länge vom ersten bis zum letzten Paar stetig abnehmend. Der äussere Anhang an dem Basilargliede des ersten und zweiten Beinpaares ist mit drei Borsten, an den beiden letzten dagegen mit zwei Borsten besetzt. Die beiden mittleren Beinpaare „tragen statt der langen und schlanken Endborsten zwei kürzere und dickere Haken mit gefiedertem Innenrande." Die unteren Glaskegel des colossalen Auges sind durch einen Zwischenraum von den übrigen abgetrennt und bedeutend kürzer, als die vorhergehenden.

Vorkommen: bei Nizza und Helgoland.

3. Pleopis Leuckartii.

Syn. Pleopis Leuckartii, Sars: Om de i Omegnen af Christiania forek. Clad.II Bidrag. p. 45.

Körper (Abdomen) nur wenig abwärts gebogen, fast gerade. Ruderantennen ziemlich lang; Aeste ungleich und beide mit sechs Ruderborsten ausgerüstet, von denen vier dem ziemlich langen Endgliede entspringen. Der äussere Anhang des ersten Beinpaares ist sehr klein und nur mit einer Borste besetzt; an den übrigen Beinpaaren dagegen ist er zweiborstig; am letzten Beinpaar ist die eine dieser Borsten sehr lang. Endklauen des Postabdomens lang, dünn und schwach gekrümmt. Augenpigment schwarz; die Krystallkörper des Auges sind auch bei dieser Art vorn durch einen Zwischenraum in zwei Abtheilungen geschieden. Das Thierchen ist äusserst durchsichtig und fast glashell.

Die Männchen, welche Sars ebenfalls beobachtet hat, unterscheiden sich von den Weibchen durch abweichende Bildung des ersten Fusspaars.

Länge: ungefähr $\frac{1}{2}$ Millimeter.

Vorkommen: in den Fjorden bei Christiania.

4. Pleopis minutus.

Syn. Pleopis minutus, Sars: Om de i Omeg. af Christiania f. Clad. And. Bidr. p. 46.

Abdomen etwas mehr abwärts gebogen, als bei der vorigen Art; Endklauen des Postabdomens sehr kurz. Ruderantennen sehr kurz; Aeste gleich lang; an dem sehr kurzen Endgliede eines jeden Astes sitzen vier Ruderborsten; ausserdem aber noch zwei an dem vorletzten Gliede des viergliedrigen Astes. Der äussere Anhang der drei ersten Beinpaare ist dreiborstig, der des letzten Paares aber zweiborstig. Auge mit schwarzbraunem Pigment und dicht gedrängten Krystallkörpern. Durch sichtig, wie die vorhergehende Art.

Länge: kaum $\frac{1}{3}$ Millimeter.

Fundort: in Fjorden bei Christiania.

Gatt. 2. Podon.

Podon, Lilljeborg: De Crust. ex ord. trib. Clad. etc. p. 161.

Im Habitus der vorigen Gattung ähnlich. Kopf und Thorax durch eine tiefe Einbuchtung geschieden. Die Längenachse des Kopfes bildet mit der Richtung des Abdomens einen stumpfen Winkel. Die den Brutraum umschliessende Schale ist höckerig aufgeblasen und hinten abgerundet. Der eine Arm der Ruderantennen ist dreigliedrig, der andre dagegen viergliedrig. Eigentliche Kiemenanhänge fehlen den Beinen auch in dieser Gattung. Die unbedeckten vier Beinpaare werden nach hinten kürzer und gedrungener. Das erste Beinpaar ist sehr gross und fünfgliedrig. Das Stammglied desselben trägt an seiner äusseren Seite einen länglichen, mit Borsten besetzten Anhang; die Endglieder aber sind mit langen, kräftigen Krallborsten versehen. Das kurze Postabdomen besitzt zwei Caudalborsten auf einem kurzen Fortsatz und endigt mit zwei geraden, langen Klauen.

1. Podon intermedius.

Syn. Podon intermedius, Lilljeborg: De Crust etc. p. 161.
Podon intermedius, Leydig: Naturg. d. Daphn. 8. 248.

Der dreigliedrige Ast der Ruderantennen ist mit sechs Fiederborsten ausgerüstet, von welchen je eine dem Basal- und Mittelgliede, und vier dem Endgliede aufsitzen. Der viergliedrige Ast hat sieben Fiederborsten, von denen eine dem zweiten, zwei dem dritten und vier dem Endgliede angehören. Das zweite Glied (Stammglied) des ersten Beins ist kurz und sein äusserer Anhang mit zwei Borsten versehen; das dritte Glied desselben Beines ist mit zwei oder drei, das vierte und fünfte Glied mit zwei langen, dicken, gebogenen und stacheligen Borsten ausgerüstet.

Grösse: ungefähr 1 Millimeter.

Vorkommen: Kattegat.

Gatt. 3. **Evadne.**

Evadne, Lovén: Kongl. Wet. Akademiens Handlingar for år 1835, p. 1.
Evadne, Baird: Brit. Ent. p. 114.
Evadne, Lilljeborg: De Crust. ex ord. trib. Clad. etc. p. 161.

Der Kopf ist von dem Thorax nicht durch eine Einbuchtung geschieden, sondern geht in einem gleichmässigen Bogen in denselben über. Der Hinterkopf trägt ein „Haftorgan". Eine Fornix-Bildung ist nicht vorhanden. Die Schale ist kegelförmig aufgeblasen, nach hinten in eine Spitze auslaufend. Tastantennen sehr klein. Von den ziemlich gleich langen Aesten der Ruderantennen ist der eine dreigliedrig, der andere viergliedrig.

Das stark abwärts gekrümmte Abdomen bildet mit der Längenachse des Kopfes beinahe einen spitzen Winkel. Die vier Beinpaare sind unbedeckt und nehmen von vorn nach hinten an Grösse stetig ab. Das erste Paar ist viergliedrig, die übrigen aber nur dreigliedrig. Das erste bis dritte Paar trägt an der äusseren Seite des zweiten Gliedes einen länglichen, zweiborstigen Anhang. Die beiden Endglieder sind an ihrer hinteren Kante mit steifen Borsten besetzt, von denen die drei dem freien Ende aufsitzenden ziemlich lang und mit feinen Stachelspitzen umsäumt sind.

Das Postabdomen läuft in zwei kurze, zugespitzte Klauenstummel aus, zwischen denen die Afterspalte liegt. Die beiden Caudalborsten desselben sitzen auf einem kurzen, cylindrischen Fortsatz; sie sind befiedert und etwa doppelt so lang, als das Postabdomen.

Der Nahrungskanal zerfällt in Schlund, blindsacklosen Magen und Darm. — Die Eierstöcke liegen hinter dem Darmkanal, dem dritten Beinpaar ungefähr gegenüber.

Das Auge ist ziemlich gross, jedoch verhältnissmässg kleiner als bei *Polyphemus*; es ist vorn fast kugelförmig, nach hinten aber etwas kegelförmig zugestutzt. Das Herz hat die Gestalt einer eiförmigen Blase mit vorwärts gerichtetem kurzen Halse.

Die Männchen sind seltener und kleiner als die Weibchen; sie gleichen den letzteren aber sonst bis auf das erste Fusspaar, welches am Endglied zwei lange Borsten und einen Haken besitzt. Die Hoden haben eine analoge Lage, wie die Eierstöcke der Weibchen, und münden auf einem kurzen, abgestutzten Kegel des Postabdomens aus.

Evadne Nordmanni.

Syn. Evadne Nordmanni, Lovén: l. c. p. 1, tab. I u. II, und Archiv für Naturg. 1838. S. 143.
Evadne Nordmanni, Baird: Brit. Entom. p. 114, tab. XVIII, fig. 14 u. 15.
Evadne Nordmanni, Lilljeborg: De Crust. etc. p. 162, tab. XVII, fig. 1; tab. XVIII, fig. 14 und 15.
Evadne Nordmanni, Leydig: Naturg. d. Daphn. S. 247.

In der Seitenlage betrachtet von eiförmiger Gestalt; Schale nach hinten in eine scharfe Spitze auslaufend, im hohen Grade durchsichtig, aber sonst skulpturlos. Tastantennen mit fünf zarten Borsten. Ruderantennen stämmig; jeder Ast mit sechs gefiederten Borsten versehen, welche sämmtlich ungegliedert und so vertheilt sind, dass vier dem freien Ende und je eine dem vorletzten und drittletzten Gliede aufsitzen. Das kurze Basalglied des viergliedrigen Astes hat somit keine Borsten aufzuweisen. — Das dritte Glied des ersten Beinpaars trägt an seiner hinteren Kante einige kurze und eine lange Borste; das Endglied desselben aber ist mit drei langen, gekrümmten Borsten ausgerüstet, welche mit kurzen, feinen Stachelspitzen umsäumt sind. Das zweite und dritte Beinpaar ist von entsprechender Bildung; am vierten dagegen ist der äussere Anhang des zweiten Gliedes zu einem kurzen Zacken verkümmert, welcher zwei ungleiche Borsten trägt, und das Endglied dieses Beins hat nur zwei Borsten aufzuweisen.

Grösse: ungefähr ³/₄ Millimeter.

Vorkommen: im nördlichen Meere Europa's.

Gatt. 4. Polyphemus.

Monoculus, Linné: Fauna Svecica, 2 edit. Nr. 2046.
Polyphemus, O. F. Müller: Entomostraca p. 118.
Cephaloculus, Lamarck und Bosc.
Scalicercus, Koch: Deutschl. Crust.
Polyphemus, ceter. aut.

Der Körper ist deutlich in Kopf, Thorax und Abdomen gegliedert. Der Kopf wird an seiner oberen Seite durch eine seichte Einbiegung („Nackenbucht") in einen

9

vorderen, abgerundeten Theil, welcher fast ausschliesslich von dem grossen, dunklen Auge eingenommen wird, und in einen hinteren, gewölbten geschieden, welcher sich durch eine tiefe Einkerbung gegen den eigentlichen Thorax absetzt. An seiner unteren Fläche trägt derselbe die bei Männchen und Weibchen verschieden gebildeten, nach vorn gerichteten, eingliedrigen Tastantennen und geht mit einem unbedeutenden, höckerartigen Vorsprunge nach hinten unmittelbar in die ansehnliche Oberlippe über. Aus der Seitenfläche tritt jederseits das starke, an seiner Basis ringelförmig gegliederte Stammglied der Ruderantennen heraus, ohne (wie bei den Lynceiden) von einem Fornix des winzigen Kopfschildes überdacht zu werden. An dem freien Ende theilt sich der Stamm dieser stämmigen Ruderorgane in zwei fast gleiche Arme, welche beide viergliedrig und mit gegliederten Fiederborsten besetzt sind.[32])

Von den Mundtheilen sind ausser der bereits erwähnten Oberlippe noch ein Paar kräftige Mandibeln, welche an ihrer Kaufläche mit mehreren queren Zahnreihen geriefelt erscheinen, und ein Paar wenig entwickelte Maxillen wahrzunehmen.

Der Thorax, welcher das mehr oder weniger eiförmig gestaltete, jederseits mit einer venösen Spaltöffnung versehene Herz einschliesst, geht unmerklich in das Abdomen über und trägt eine nicht bivalve Schale, welche sich bei Weibchen zu einer fast kugelförmigen Bruthöhle erweitert. — Die vier unbedeckten Beinpaare des Abdomens nehmen von vorn nach hinten an Grösse stetig ab und bestehen mit Ausnahme des vierten Paars, dessen Verkümmerung noch weiter gediehen ist, als in den vorhergehenden Gattungen, aus vier Gliedern. Von diesen ist das zweite oder Stammglied am längsten und trägt an der äusseren Seitenfläche einen blattförmigen, mit fünf blassen Fiederborsten besetzten Anhang, an seiner hinteren Fläche dagegen eine Doppelreihe langer, gebogener, fein gezähnter Stacheln. Mit ähnlichen, aber noch längeren und kräftigeren, gezähnten Krallborsten sind auch die beiden Endglieder ausgerüstet. — Bei dem Männchen trägt das erste Beinpaar am freien Ende und zwar an seiner vorderen Kante, wie bei den männlichen Lynceiden, eine vorwärts umgebogene Klaue.

Das kurze, stummelartig abgestutzte Postabdomen ist ohne Endklauen und verlängert den unmittelbar vor der Afterspalte sitzenden Fortsatz der Caudalborsten in einen lang gezogenen und schwach rückwärts gebogenen Cylinder, aus dessen gezackter Spitze die beiden Caudalborsten heraustreten, welche ungegliedert und mit einer kurzdornigen Hautskulptur versehen sind.

In der „Nackenbucht" des Kopfes liegt ein „Haftorgan". Der vordere, seitliche Theil der Schale hat eine mehrfach gewundene Schalendrüse aufzuweisen.

---

[32]) Der eine dieser Ruderarme, und zwar der, welchen Leydig als „hinteren", Fischer aber als „oberen und äusseren" bezeichnet, ist immer als ein viergliedriger erkannt worden; der andre aber, der „untere und innere Ast" nach Fischer, nur als dreigliedrig. Derselbe ist jedoch, wie Leydig zuerst nachgewiesen hat, an seinem Grunde noch mit einem kurzen, mehr oder weniger deutlich ausgeprägten Basilargliede versehen, also ebenfalls viergliedrig.

Der Nahrungskanal verläuft einfach und zerfällt in Schlund, Magen und Darm. Der Magen bildet an seinem vorderen Ende drei kegelförmige Aussackungen: einen oberen, unpaaren Blindsack und zwei nach vorn und unten gekehrte. — Lage und Ausmündung der inneren Geschlechtsorgane (Eierstöcke und Hoden) zeigen keine wesentliche Abweichung von dem gewöhnlichen Verhältniss. — Bei der Bildung der Wintereier-Packetchen (Ephippien) geht die Schale eine besondere Metamorphose, wie bei den Daphniden, nicht ein. Die Anzahl der Eiembryonen (Sommereier) in der Bruthöhle nimmt mit dem Alter zu und ist ziemlich beträchtlich.

Von dieser Gattung, welche fast seit einem Jahrhundert bekannt und von so vielen Autoren mit besonderem Interesse behandelt worden ist, war bisher nur die auch bei uns zahlreich vertretene Art einzig und allein bekannt, welche Linné zuerst als *Monoculus pediculus* dem System einverleibt hat. Eine nähere Vergleichung meiner eigenen Wahrnehmungen mit den ausführlichen Mittheilungen Leydig's bestimmt mich, sowohl in der von letzterem Autor, wie in der von Koch beschriebenen Art neue Species zu unterscheiden.

1. Polyphemus pediculus.

Hierzu Fig. 49 auf Taf. II.

Syn. Monoculus pediculus, Linné: Fauna Svecica, 2 edit. Nr. 2048.
Monoculus pediculus, De Geer: Mem. pour servir à l'Hist. des Ins. Uebers. von Götze.
Th. VII. S. 175, Taf. 28, fig. 9—13.
Polyphemus oculus, O. F. Müller: Entomostraca p. 119, tab. XX, f. 1—5.
Cephaloculus stagnorum, Lamarck: Hist. An. s. Vert. v. 191.
Polyphemus pediculus, Straus: Mém. du Mus. d'hist. nat. T. VI, p. 156.
Polyphemus pediculus, M. Edwards: Hist. nat. des Crust. III, p. 389.
Monoculus polyphemus, Jurine: Hist. des Mon. p. 148, pl. 15, fig. 1—8.
Polyphemus oculus, Zaddach, Syn. Crust. Pruss. Prodr. p. 80.
Polyphemus oculus, Liévin: D. Branchiop. d. Danz. G. S. 42, Taf. XI, Fig. 4—8.
Polyphemus pediculus, Baird: Brit. Ent. p. 111, tab. XVII, fig. 1.
Polyphemus stagnorum, Fischer: Mém. de l'Acad. de St. Pétersbourg. T. VI, S. 148,
Taf. III, Fig. 1—9.
Polyphemus Pediculus, Lilljeborg: De Crust. etc. p. 62, tab. V, fig. 3—6.
Polyphemus pediculus, Schödler: D. Branchiop. etc. S. 28 und d. Lynceiden u. Polyph.
d. U. v. Berlin. A. a. O. S. 25, Taf. II, Fig. 45.

Die vorstehende Art hat, wie schon aus obigem Autoren-Verzeichniss hervorgeht, eine weitgehende Verbreitung. Im Hinblick auf die vielen, mehr oder weniger ausführlichen, vorliegenden Beschreibungen derselben, will ich mich hier auf das beschränken, was für die specifische Unterscheidung von den folgenden Arten Beachtung verdient.

Ich kenne den *Polyphemus pediculus*, sowohl Männchen als Weibchen, aus ganz verschiedenen Fundorten. Er erreicht eine Länge von einem Millimeter und ist den ganzen Sommer über in der Spree und Havel in zahlreichen Schwärmen anzutreffen; ebenso auch in dem Plötzensee, im See bei dem Jagdschloss Grunewald und in einigen Torfgräben der Jungfernhaide. An letzterem Fundorte lebt er in Gesellschaft der Clado-

9*

ceren: *Acanthocercus rigidus*, *Simocephalus vetulus*, *Sim. congener*, *Sim. serrulatus*, *Chydorus nitidus*, und besitzt hier stets eine viel intensivere Färbung, als in den genannten Flüssen und Seen.

Von der folgenden Art, welche ihm in habitueller Beziehung überaus ähnlich ist, unterscheidet er sich in jedem Lebensalter zunächst durch die abweichende Anzahl der Borsten seines inneren Ruderarms. Der Stamm der Ruderantennen trägt auf einem kleinen Höcker seiner geringelten Wurzel eine gefiederte Borste, wie bei der folgenden Art. Beide Aeste dieser Ruderorgane sind ziemlich gleich lang und jeder von ihnen ist mit sieben gegliederten, kräftigen Fiederborsten ausgerüstet, deren Vertheilung auf die einzelnen Glieder aber verschieden ausfällt. Der äussere Ast (in Fig. 45 der zurückstehende) ist an seinem kurzen, nach vorn etwas ausgeschweiften Basalgliede borstenlos; am Ende des zweiten, mehr als doppelt so langen Gliedes trägt er eine Fiederborste, an dem fast ebenso langen dritten Gliede dagegen zwei, von denen eine dem oberen Ende und eine etwa der Mitte der vorderen Kante eingefügt ist; das vierte oder Endglied aber, welches an Länge das vorhergehende übertrifft, ist mit vier Fiederborsten versehen, von denen drei dem freien Ende und eine der Mitte der vorderen Kante entspringen. — An dem inneren Aste dagegen sind die sieben Fiederborsten so vertheilt, dass je eine dem oberen Ende des zweiten und dritten Gliedes und fünf dem längeren Endgliede angehören, von denen wieder drei dem freien Ende und zwei der vorderen Kante entspringen. Das kurze Basalglied ist also auch an diesem Arme borstenlos. Jede Ruderborste ist von Grund aus dicht befiedert und zweigliedrig; das erste Glied ist stets dunkler conturirt, als das zweite.

Hiermit stimmen die Beschreibungen, welche Lilljeborg, Fischer, Baird und Liévin von den Ruderantennen geben, genau überein; doch ist hierbei daran zu erinnern, dass diese Autoren den inneren Ruderarm als dreigliedrig aufführen. Gleiches ist mit einer Ausnahme auch von den bezüglichen Abbildungen zu sagen. Bei Fischer nämlich harmonirt die in Fig. I. auf Tafel III. a. a. O. gegebene Abbildung in Betreff der Vertheilung der Fiederborsten am äusseren Arm nicht mit der betreffenden Stelle des Textes. Doch bemerkt Fischer ausdrücklich: „Der Ursprung der Borsten ist nicht immer ganz regelmässig; immer aber beträgt ihre Zahl für jeden Ast sieben." Zaddach giebt keine nähere Beschreibung der betreffenden Organe. Jurine zeichnet beide Aeste seines *Polyphemus* dreigliedrig, wie bei allen übrigen *Monoculus*-Arten; aber in allen drei Figuren (l. c. pl. 12) ist jeder der Aeste mit sieben Borsten versehen.

In der Skulptur der Haut habe ich eine specifische Eigenthümlichkeit nicht wahrgenommen. Auch im Bau der vier Beinpaare, welche Leydig recht naturgetreu dargestellt hat, habe ich eine wesentliche Verschiedenheit von der folgenden Art nicht entdecken können; doch zähle ich bei dem ersten Paare an der Kante des Stammgliedes jederseits neun gezähnelte Stachelborsten, während Leydig deren nur sechs angiebt, und ebenso fand ich an dem vorletzten Gliede zwei nebeneinander stehende derartige Stachelborsten und am Endgliede drei.

Form und Skulptur des Postabdomens sind wie bei der folgenden Art. Die beiden Caudalborsten sind ungegliedert; also nicht „zweigliedrig", wie Jurine und Liévin andeuten; auch sind sie nicht gefiedert, wie Lilljeborg angiebt, sondern zeigen eine ähnliche, kurzdornige Skulptur ihrer Oberfläche, wie der cylindrische Fortsatz des Postabdomens selbst.

Die Männchen verhalten sich wie die der folgenden Art, welche Leydig ausführlich beschrieben hat.

2. Polyphemus oculus.

Syn. Polyphemus oculus, Leydig: Naturg. d. Dapha. S. 232, Taf. VIII, Fig. 68 (mas) und Taf. IX, Fig. 71 (fem.)

Den ausführlichen Mittheilungen gegenüber, in welchen der vorgenannte Autor seine musterhaften Beobachtungen publicirt hat, wird es genügen, hier an die zunächst in die Augen springende specifische Besonderheit der neuen Art zu erinnern. Die Richtigkeit der vorliegenden Beobachtungen Leydig's voraussetzend, finde ich dieselbe, wie bereits angedeutet worden, in der grösseren Anzahl von Ruderborsten des dem Kopfe näher liegenden oder des inneren Ruderantennen-Astes. — Die Beschaffenheit der Ruderorgane ist nach genanntem Autor in wörtlicher Anführung folgende:

„Der Stamm der Ruderantennen ist stark und wie gewöhnlich an der Wurzel geringelt; hier steht auch eine gefiederte Borste auf kleinem Höcker, doch noch mehr nach hinten und oben, als die blassen Borsten mit der dunklen Basis besagte Stelle bei den andern Daphniden einnehmen. Die beiden Aeste der Ruderantennen sind so ziemlich von gleicher Länge. Der hintere Ast besteht aus vier Gliedern, wovon das unterste das kürzeste ist; zweites und drittes ansehnlicher und unter sich gleich lang, das vierte am längsten. Dieser Ast hat sieben Ruderborsten, die so vertheilt sind, dass auf das lange Endglied vier, auf das vorletzte zwei, auf das drittletzte eine Borste kommen. Der untere oder innere Ast wird meist als dreigliedrig beschrieben, soviel ich jedoch sehe, gehört „der starke, fast viereckige Vorsprung am Endstück des Stammes", wie Fischer sich ausdrückt, als Basalglied zu diesem Aste, welcher demnach, wie der andre, viergliedrig erscheint. Ruderborsten besitzt er deren acht und zwar sechs am Endglied, eine am vorletzten und eine am drittletzten Gliede. Jede Ruderborste ist zweigliedrig, davon das erste Glied dunkel conturirt, das zweite äusserst blass. Sie zeigen sich von Grund aus zart befiedert."

Einer so bestimmten, detaillirten Angabe des genannten Beobachters gegenüber ist das Bestehen der vorerwähnten Art-Verschiedenheit wohl nicht in Zweifel zu ziehen.

Vorkommen: Häufig in einer Bucht des Alpsees bei Immenstadt und in einem Weiher bei Meiselstein (Allgäu).

3. Polyphemus Kochii.

Syn. Scalicercus Pediculus, Koch: Deutschl. Crust. Myriap. u. Arachn. H. 37, Taf. II.

Wenn man die Beschreibung und die ziemlich sorgfältig gehaltene Abbildung, welche Koch von seinem *Scalicercus Pediculus* entworfen hat, sorgfältig zu Rathe zieht, so wird man sich hinlänglich überzeugen, dass die genannte Polyphemide mit keiner der oben angeführten beiden Arten zusammenfällt. Sowohl die Anzahl, wie die Vertheilung der Ruderborsten sprechen gegen die bisher angenommene Identität mit dem *Polyphemus pediculus*. Beide Arme der Ruderantennen nämlich sind mit sechs Fiederborsten ausgerüstet, welche an beiden Armen gleichmässig und zwar so vertheilt sind, dass vier Borsten dem Endgliede und je eine dem vorletzten und drittletzten Gliede entspringen. Die ziemlich anliegende, „mit eiförmig gerundetem Hinterrande" versehene Schale, sowie die in der Abbildung hervorgehobene Bildung der Tastantennen geben beinahe der Vermuthung Raum, dass Koch in dem abgebildeten Exemplar ein Männchen dargestellt habe. — Colorit „glashell weiss, auf dem Rücken etwas schattig dunkler." Das grosse Auge schwarz, der Darmgang gelblich durchscheinend.

Vorkommen: In mit Pflanzen bewachsenen Bächen, auch in Weihern mit reinem Wasser; in der Gegend von Hirschau in der Oberpfalz.

Bei dieser Gelegenheit will ich nicht unerwähnt lassen, dass mir ein analoges Verhalten in der Anzahl der Ruderborsten auch an der von Leydig beobachteten Sida-Species aufgefallen ist. Dieselbe ist nach meinem Dafürhalten nicht identisch mit der bei uns lebenden *Sida crystallina* Müll., weshalb ich sie dieser gegenüber, welche mit der von Straus, Baird, Fischer und Lilljeborg beschriebenen Art übereinstimmt[34]), als *Sida affinis* unterscheide. Die *Sida crystallina* Müll. nämlich hat an dem kürzeren, zweigliedrigen Aste fünf Ruderborsten und an dem längeren, dreigliedrigen deren zehn; während Leydig bei der von ihm beobachteten *Sida affinis* an dem kürzeren Arm vier (nämlich am Endgliede eine weniger), dagegen am längeren Arm elf (nämlich am Endgliede eine mehr) vorgefunden hat. — Beständigkeit in der Anzahl dieser Ruderborsten voraussetzend, muss ich ebenso auch die Identität der *Sida crystallina* mit der von Zaddach[35]) bei Königsberg beobachteten Sida-Species in Frage stellen. Dieselbe gleicht in der Ausrüstung des kürzeren Ruderarms unserer *Sida crystallina*, unterscheidet sich von dieser aber durch eine Borste mehr an dem längeren, dreigliedrigen Arm, in welcher Beziehung sie also wieder mit der von Leydig beobachteten Art übereinkommt. Ich unterscheide sie daher jenen beiden Arten gegenüber als *Sida Zaddachii*.

---

[34]) Vergl. Leydig: Nat. d. Daphn. S. 86, Taf. VI, Fig. 46 und m. Abh. über d. Branchiop. d. U. v. Berlin. I. Beitr. S. 8.
[35]) Vergl. Zaddach: Synop. Crust. Pruss. Prodr. p. 24.

Aehnliche Wahrnehmungen haben wir in der Familie der Lynceiden mehrfach kennen gelernt und sind auch unter den Daphniden wieder zu finden. So ist z. B. der *Simocephalus nasutus* Jur.[36]) den verwandten Arten *Sim. exspinosus* und *Sim. congener* gegenüber durch eine Ruderborste mehr am viergliedrigen Arm (also durch fünf Borsten) charakterisirt; während sich im Gegentheil der *Sim. australiensis* D.[37]) durch eine Ruderborste weniger am gleichnamigen Arm kennzeichnet. Bei diesem nämlich ist die Borste des vorletzten Gliedes zu einem ähnlichen, kurzen Dorn verkümmert, wie die *Simocephalus*-Arten sonst nur am drittletzten Gliede desselben Arms aufzuweisen haben.

Analoge Art-Unterschiede sind auch in den Gattungen *Moina* und *Ceriodaphnia* nachzuweisen. Eine Verschiedenheit in der Anzahl der Ruderborsten aber hat, sofern sie sich als eine beständige erweist, hier sicherlich nicht weniger zu bedeuten, als beispielsweise eine Abweichung in der Zahl der Schwungfedern in den Schwingen der Vögel. Es wird demnach in Zukunft bei Art-Bestimmungen der Cladoceren der Ausrüstung der Ruderorgane grössere Beachtung zu widmen sein, als dies in der Regel bisher geschehen ist.

Gatt. 5. **Bythotrephes.**

Bythotrephes, Leydig: Naturg. d. Daphn. S. 244.
Bythotrephes, Lillljeborg: Oefvers af K. Vet.-Akhd. Förk., 1860, Nr. 5, p. 268.

Im Habitus dem *Polyphemus* ähnlich. Körper deutlich in Kopf, Thorax und Abdomen gegliedert. Kopfbildung wie in der vorhergehenden Gattung; doch ist der vordere, vom grossen, zusammengesetzten Auge ausgefüllte Theil noch mehr abwärts gekehrt. Ein „Haftorgan" ist nicht vorhanden. Die Tastantennen, der Unterseite des Kopfes angefügt, sind klein, zweigliedrig und an dem freien Ende mit kurzen, zarten Tastborsten versehen. Die Ruderantennen sind lang und stämmig. Der kräftige Stamm derselben reicht bis zur Stirnkante des Kopfes, ist an seiner Wurzel ringelförmig gegliedert und trägt zwei ziemlich gleichlange Aeste, von denen der äussere aus drei, der innere aus vier Gliedern besteht. Von Mundtheilen sind eine Oberlippe, ein Paar Mandibeln und ein Paar Maxillen zu unterscheiden. Die Oberlippe ist gross und, wie bei Lynceiden, mit einem langen, rückwärts gebogenen Fortsatz versehen. Die Mandibeln sind an dem freien Ende stark einwärts gekrümmt und zweitheilig. · Der eine dieser Theile läuft in drei ungleiche Zacken aus; der andere bildet

---

36) Vergl. m. Abh. über die Branch. d. Umg. v. Berlin. I. Beitr. S. 11 und Jurine: Hist. nat. d. Mon. p. 233, pl. 13, fig. 1 u. 2.
37) Vergl. James D. Dana, Crustacea P. II, p. 1271, pl. 89, fig. 4a.

einen kleinen Höcker, welcher mit einer Reihe beweglicher Zähne oder kurzer Krallen besetzt ist. Die Maxillen sind klein, lappenförmig, an der einwärts gekehrten Seite mit kleinen Stachelchen und an ihrem hervorragenden, äusseren Zipfel mit einem feinen Borstenbesatz versehen.

Der Thorax ist, wie in der vorigen Gattung, durch eine Einkerbung vom Kopfe abgesetzt und umschliesst ein fast viereckig geformtes Herz.

Das Abdomen ist mehr ausgebildet als bei *Polyphemus* und verläuft, wie bei *Pleopis*, in ziemlich gerader Richtung. Von den vier Beinpaaren desselben ist das erste sehr verlängert, mehr als doppelt so lang, als die übrigen und besteht aus vier oder fünf Gliedern, während das zweite und dritte Paar durchweg viergliedrig ist. Das starke Basalglied der drei ersten Beinpaare besitzt an Stelle des blattförmigen, mit starken Fiederborsten versehenen Anhangs, welcher bei *Polyphemus* von der Aussenfläche dieser Beinpaare abgeht, hier nur ein kleines Läppchen, welches am Hinterrande anstatt der Fiederborsten nur kleine, kurze Dornen aufzuweisen hat. Das Hauptglied dieser Beine hat an der Hinterfläche lange, befiederte Stacheln; ebenso ist das vorletzte Glied mit einigen derartigen Stacheln besetzt; das freie Ende des letzten Gliedes dagegen ist mit zwei oder mehreren langen, kräftigen, gekrümmten und gezähnelten Krallborsten ausgerüstet. Das vierte Beinpaar ist sehr kurz, nur zweigliedrig und am freien Ende mit kurzen Borsten umsäumt.

Die Schale überdeckt nur die mit Beinen versehenen Segmente des Abdomens und wird bei ausgewachsenen Weibchen zu einer stark höckerig aufgeblasenen Bruthöhle erweitert.

Das kurze Postabdomen endet mit kurzen, ziemlich geraden Klauen, zwischen denen die Afterspalte liegt und verlängert seinen stark entwickelten Dorsalfortsatz in eine kräftige, überaus lange Caudalborste, welche die Körperlänge mehrfach übertrifft und eine kurzdornige Hautskulptur zeigt. Bei ausgewachsenen Weibchen trägt jener Dorsalfortsatz des Postabdomens an zwei knotig verdickten Stellen je ein Paar gerade, abwärts gerichtete Dornen.

Der Nahrungskanal verläuft einfach und ist von ähnlicher Bildung, wie bei *Polyphemus*; doch sind blinddarmähnliche Aussackungen am Anfange des Magens nicht wahrgenommen worden.

In dieser Gattung unterscheide ich zwei Arten:

1. Bythotrephes.

Syn. Bythotrephes longimanus, Leydig: Naturg. d. Daphn. S. 244, Taf. X, Fig. 73—75.

Bei dieser merkwürdigen Polyphemide, welche Leydig bekanntlich aus dem Bodensee und zwar aus dem Magen des *Coregonus Wartmanni* zu Tage gefördert hat, und ihrem durch Lilljeborg bekannt gewordenen Doppelgänger begegnen wir einer ähnlichen Verschiedenheit in der Ausrüstung der Ruderorgane wie die, welche wir bei dem *Polyphemus pediculus* und seinem nächsten Verwandten hervorgehoben haben. Nach meinem Dafürhalten ist der *Bythotrephes longimanus* des Bodensees nicht identisch mit der von Lilljeborg beobachteten Art, sondern unterscheidet sich von dieser zunächst ebenfalls durch die Ausrüstung der Ruderantennen. Beide Arme des *B. longimanus* nämlich sind mit je sieben gegliederten Fiederborsten ausgestattet, von denen fünf dem Endgliede, eine dem oberen Ende des vorletzten und in gleicher Weise eine dem drittletzten Gliede entspringen. Das erste Beinpaar ist „sehr verlängert, über doppelt so lang als die übrigen und fünfgliedrig, gegen die Basis zu geht von ihm ein ganz kurzer behaarter Fortsatz ab." Am Endgliede desselben sitzen zwei lange, fein gezähnelte Krallborsten. An den zweigliedrigen Tastantennen ist der Rand des Endgliedes schwach gezackt, die Tastborsten kurz und zart. Der Umriss der Bruthöhle ist fast ganz kuglig und so sehr vom übrigen Körper abgeschnürt, dass er, wie Leydig sich ausdrückt, an einen kugligen Spinnenleib erinnert. In dem Brutraume fanden sich immer nur wenige Embryonen.

Die Länge des Körpers beträgt etwa 1 Linie, aber der Schwanzstachel erreicht eine Ausdehnung von fünf Linien.

Da Leydig hunderte von Exemplaren dieses Polyphemiden in ziemlich unverändertem Zustande aus dem Magenbrei des Blaufellchens auslesen konnte, so ist an der Richtigkeit der obigen Angaben, und somit auch an der Art-Verschiedenheit des *B. longimanus* und seines folgenden Gattungsgenossen, wohl nicht zu zweifeln.

2. Bythotrephes Cederströmii.

Syn. Bythotrephes longimanus, Lilljeborg: Oefvers. af K. Vet. Akad. Förh., 1860, Nr. 5, p. 268, Taf. VIII, Fig. 28—29.

Diese interessante, neue Art wurde zuerst von dem Freiherrn G. C. Cederström in einigen Binnenseen in Jemtland und im Womb-See in Schonen gefangen und dann auch von Lilljeborg in einem Exemplar im Mälar-See bei Flottsund aufgefunden und näher beobachtet. Lilljeborg berichtet, dass das lebende Thierchen auf dem Boden des Gefässes verweile, in welchem es aufbewahrt werde, und bestätigt somit die Vermuthung Leydig's, dass es sich im freien Zustande nicht so nahe an der Oberfläche des Wassers aufhalte, wie die *Polyphemus*-Arten.

Der *B. Cederströmii* ist etwas kleiner als die vorige Art; denn seine Körperlänge beträgt nur 1—1¾ Millimeter, also weniger als 1 paris. Linie. Im Habitus ist er dem *B. longimanus* überaus ähnlich, unterscheidet sich aber von ihm zunächst durch die Ausrüstung der Ruderantennen; indem der dreigliedrige Ast zwar ebenfalls mit sieben Ruderborsten in der oben angegebenen Vertheilung ausgestattet ist, der viergliedrige Ast dagegen mit acht, von denen eine dem zweiten, zwei dem dritten und fünf dem Endgliede angehören. — Die Tastantennen sind an dem freien Ende mit drei

10

oder vier kurzen Tastborsten versehen. — Das erste Beinpaar ist, wie die übrigen, nur viergliedrig und an der Spitze seines Endgliedes mit vier gezähnelten Krallborsten versehen. Die den Brutraum umhüllende Schale ist bei erwachsenen Weibchen sehr stark aufgetrieben. Die Bruthöhle ist im Umriss halbkugelförmig und mit ihrer ziemlich gerade abgestutzten Vorderfläche etwas nach vorn geneigt. Die Anzahl der Embryonen in der Bruthöhle ist überaus gross. — Ausser den beiden Endklauen, zwischen denen die Afterspalte liegt, trägt der zweimal geringelte Fortsatz, auf welchem der lange Schwanzstachel sitzt, bei ausgewachsenen Thierchen noch zwei Paar gerade, abwärts gewendete Dornen, welche im Jugendzustande fehlen.

Keiner der oben betrachteten Familien einzuverleiben, am besten aber der Polyphemiden-Gattung *Bythotrephes* anzuschliessen ist endlich:

Fam. V. Leptodoridae.

Leptodoridae, Sars: Om de i Omeg. af Christiania forek. Clad. B. 2, p. 54.

Sie ist bis jetzt einzig und allein durch die äusserst seltsam organisirte Cladocere vertreten, welche ebenfalls zuerst von dem Freiherrn G. C. Cederström in einem Binnensee bei Bolltrop in Ostgothland und in dem Ringsee in Schonen aufgefunden, später aber von dem Prof. Lilljeborg auch im Mälarsee angetroffen und näher beschrieben worden ist. In ihr begegnen wir gewissermassen einer Verschmelzung der Organisation der Polyphemiden mit der der Sididen. In der Bildung des Nahrungskanals und der Ovarien aber bietet diese Cladocere eine beachtenswerthe Annäherung an die Organisation einiger Rotatorien dar. Ich begnüge mich hier mit dem nachstehenden Hinweis auf die ausführlichen Mittheilungen des ersten Beobachters.

Leptodora hyalina.

Vergl. Leptodora hyalina, Lilljeborg: Oefvers. af K. Vet. Akad. Förh. 1860, Nr. 5, p. 265, Taf. VII, Fig. 1—22.

Körperlänge: ungefähr 8 Millimeter.

Als der Druck der vorliegenden Beiträge bereits bis auf die Polyphemiden vollendet war, erhielt ich durch freundliche Zusendung des Verfassers die bereits oben citirten, sehr dankenswerthen Abhandlungen von G. O. Sars: Om de i Omegnen af Christiania forekommende Cladocerer (B. 1 u. 2), und bedaure, dass ich, was die Lynceiden anlangt, an geeigneter Stelle nicht habe darauf Bezug nehmen können. Da die äusserst mannigfaltige Cladoceren-Fauna von Christiania den genannten Mittheilungen ein bleibendes Interesse sichert, so möge eine nachträgliche, kurze Notiznahme hier noch eine Stelle finden.

Die 27 Lynceiden der dortigen Fauna, unter denen sich neun neue Species befinden, hat Sars auf 13 Gattungen und zwar so vertheilt, dass 19 Species den von Leach und Beard begründeten Gattungen zufallen, während die übrigen 8 Arten auf sechs neue Genera vertheilt werden. Für die Mehrzahl dieser letzteren ist allerdings eine nähere Begründung noch nicht gegeben; doch sind einige derselben schon jetzt als vollkommen berechtigte anzuerkennen. Hierzu zähle ich vor allen die neue

Gatt. 10. Monospilus.
Vergl. Monospilus dispar, Sars: l. c. B. 1, p. 23 u. B. 2, p. 52.

Unter dieser Benennung hat der genannte Beobachter den *Lynceus tenuirostris* Fisch.[38] von neuem beschrieben. Er fand denselben in wenigen Exemplaren in dem bei Christiania gelegenen „Maridalsvandet". In dieser Beobachtung liegt uns somit bereits die oben S. 16 gewünschte Wiederholung der Fischer'schen Beobachtung vor. Nach den Mittheilungen des letzteren Beobachters sollte die genannte Lynceide sich bekanntlich durch die auffällige Eigenthümlichkeit von den verwandten Formen unterscheiden, dass sie nur im Jugendzustande neben dem zusammengesetzten Auge auch noch ein Nebenauge aufzuweisen hätte. Dem ist jedoch, wie Sars beobachtet hat, nicht so. Dem Thierchen fehlt vielmehr, wie sich bei genauer Prüfung auch schon an den von Fischer gegebenen Abbildungen nachweisen lässt,[39] das eigentliche Auge (oculus compositus), und dem Nebenauge (macula nigra) fällt hier die Funktion des Gesichtssinns ausschliesslich zu. Durch diese interessante Beobachtung gewinnt allerdings die noch oben S. 5 von mir bekämpfte Deutung dieses Organs einen entscheidenden Stützpunkt. Die vermeintliche Doppeläugigkeit des Jugendzustandes führt Sars berichtigend auf den Umstand zurück, dass Fischer in seinem *Lynceus tenuirostris* nicht weniger als drei Arten mit einander vermischt habe.[40] Dass eine Verwechselung des Nebenauges mit dem zusammengesetzten Auge hier nicht vorliege, lässt sich aus der Lage des Nebenauges mit Sicherheit entnehmen.

Das Thierchen lebt, wie Sars berichtet, auf schlammigem Grunde, und zeigt sich langsam und träge in seiner Bewegung. Berücksichtigt man die analoge Lebensweise vieler verwandter Arten, denen ebenfalls eine bedeutende Entwickelung des Nebenauges eigenthümlich ist, so drängt sich die Vermuthung auf, als habe die Natur die mangelhafte Lichtempfindung im dunklen Aufenthalt trüber Lachen

---

[38] Vergl. Chydorus tenuirostris a. S. 16.
[39] Vergl. Fischer: Bulletin de la soc. imp. des nat. de Moscou. S. 427, Fig. 7—10.
[40] Vergl. Sars: l. c. B. 1, p. 25.

10*

durch jenes metamorphosirte Gesichtsorgan ersetzen wollen. Die Lebensweise des *Chydorus sphaericus*, der sich gern auf dem schlammigen Grunde der Gewässer umhertreibt, ebenso die der *Alona Leydigii* und ihrer Verwandten, sowie die des *Pleuroxus aduncus*, des *Lynceus rostratus* und der *Rhypophilus*-Arten sprechen für eine solche Annahme.

Dass der *Monospilus tenuirostris*, d. i. Monsp. dispar Ss., sich ferner, wie Fischer bereits hervorgehoben hat, nicht vollkommen häute, sondern nach Art des *Ilyocryptus sordidus* (= *Acanthocercus sordidus* Liév.) seine Schale durch Apposition vergrössere, wird durch Sars bestätigt.

Für hinlänglich berechtigt halte ich ferner die dem Genus Chydorus nahe stehende neue

Gatt. 11. Anchistropus.
Vergl. Anchistropus emarginatus, Sars: l. c. B. 2, p. 42.

Charakteristisch für die Gattung ist insbesondere die Formation der unteren Schalenränder, welche Sars folgendermassen schildert: „Margines valvularum inferiores postice subrecti et dense ciliati, antice in medio emarginati et a se remoti, spatium apertum relinquentes cordiforme, pone quod utrinque processus acuminatus prominet."

Weniger erheblich erscheinen mir bei dem zeitigen Stande unserer Species-Kenntniss die übrigen Vorschläge generischer Absonderung. Die als *Alona elongata* beschriebene Art[41], für welche Sars später die Benennung *Alonopsis elongata* gewählt hat, ist identisch mit dem *Acroperus intermedius*. Dieser erinnert in seiner Kopfbildung, wie oben hervorgehoben worden ist, allerdings mehr an die *Alona affinis*, als an den *Acroperus leucocephalus*; allein eine so auffällige Kopfhelmbildung, wie bei dem letzteren, wird auch bei keiner anderen *Acroperus*-Art angetroffen. Sars irrt sich jedoch, wenn er diese von Leydig zuerst beobachtete Lynceide für identisch mit dem *Lynceus macrourus* des Liévin und Zaddach hält.[42]

In Betreff der *Alona pygmaea* Ss[43]), welche später als *Alonella pygmaea* aufgeführt wird, ist zu bemerken, dass sie ihrem ganzen Habitus nach allerdings nicht zu der Gattung *Alona*, sondern vielmehr zu *Pleuroxus* gehört und zwar in Berücksichtigung der Schale („Testa ubique etiam in capitestriis distinctissimis oblique ascendentibus circumcincta, postice truncata, angulo inferiore dente minuto armata") dem *Pleur. Bairdii* oder dem *Pleur. transversus* am nächsten verwandt erscheint. Die eigenthümliche und übermässig deutliche Streifung („Skallens eiendommelige og overmaade tydelige Stribning"), sowie die winzige Grösse (⅓ Millimeter) erinnert zunächst an die letztere Art, welche allerdings in ihrer abweichenden, schräg rückwärts aufstei-

---

41) Vergl. Sars: l. c. B. 1, p. 19 und B. 2, p. 41.
42) Vergl. Näheres hierüber bei *Acroperus intermedius* auf S. 38 und bei *Camptocercus macrourus* auf S. 35.
43) Vergl. Sars: l. c. B. 1, p. 20 und B. 2, p. 40.

genden Streifung einer generischen Abtrennung das Wort redet. Sars giebt leider nicht näher an, ob die Streifung der Schale schräg rückwärts, wie bei letzterer Art, oder schräg vorwärts vom Unterrande aus aufsteigt, wie bei dem *Pleuroxus Bairdii*. Aus der von ihm angegebenen Zusammengehörigkeit[44]), nach welcher nicht allein der *Lync. rostratus*, sondern auch der *Pleur. excisus*, sowie wahrscheinlich auch der *Pleur. exiguus* und der *Acrop. nanus* als *Alonella*-Arten zu betrachten sein sollten, ist aber keines von beiden, sondern vielmehr eine der Länge nach verlaufende Streifung zu vermuthen. Hierüber ist also nähere Auskunft abzuwarten; doch muss ich die angedeutete Verwandtschaft des *Lync. rostratus* in Abrede stellen.

Ebenso ist meines Erachtens die sonst gut charakterisirte *Alona falcata*[45]), für welche Sars des stark entwickelten Schnabels wegen nachträglich die Gattungsbenennung *Harporhynchus* vorgeschlagen hat, vorläufig wohl der alten Gattung zu belassen. Sie ist der *Alona quadrangularis* und *sulcata* nahe verwandt und erinnert durch das stark entwickelte Nebenauge, welches „permagna et fere oculo triplo major" bezeichnet wird, zunächst an die *Alona Leydigii*. Auch sie lebt, wie schon das grosse Nebenauge zu verrathen scheint, auf moderigem Grunde („paa mudret Bund").

Was endlich die *Graptoleberis reticulata* anlangt, welche Benennung Sars für Baird's *Alona reticulata* in Vorschlag gebracht hat[46]), so ist leider nicht ersichtlich, welche *Alona reticulata* aut.[47]) ihm vorgelegen haben mag. Sollte sein Vorschlag jedoch, wie zu vermuthen steht, dem unserer *Alona exocirostris* nahe stehenden *Lync. reticulatus* Lillj. gelten, so dürfte, wie schon oben angedeutet worden ist[48]), die Berechtigung dieser neuen Gattung kaum zu bezweifeln sein.

Unserer *Alona camptocercoides* zunächst verwandt, von ihr aber durch die Bewehrung des Postabdomens verschieden, ist die *Alona tenuicaudis* Sars[49]); ferner ist seine *Alona costata*[50]) am meisten unserer *Alona lineata* ähnlich, während die *Alona intermedia*[51]) sich wieder mehr der *Alona sulcata* anschliesst. Die im ersten Beitrage als *Alona rectangula*[52]) beschriebene Art erklärt der genannte Beobachter hinterher für identisch mit dem *Lynceus lineatus* Fisch. Seine *Alona guttata* endlich schliesst sich unserer *Alona reticulata* an. Ueber die als *Alona acanthocercoides* aufgeführte Art[53]) findet sich keine nähere Notiz vor.

Den *Pleuroxus laevis* oder *hastatus*[54]) halte ich für identisch mit dem *Pleur. ornatus*. Von den beiden neuen *Chydorus*-Arten schliesst sich der *Chydorus latus*[55]) (fast ¼ Millimeter lang) dem *Ch. sphaericus* an, während der *Chydorus piger*[56]) sich mehr dem *Ch. caelatus* nähert.

---

44) Vergl. Sars: l. c. B. 2, p. 40 u. 53.
45) Vergl. Sars: l. c. B. 1, p. 20 u. B. 2, p. 41.
46) Vergl. Sars: l. c. B. 2, p. 41.
47) Vergl. die Syn. der *Alona reticulata* und der *Alona exocirostris* auf S. 25.
48) Vergl. S. 16 u. *Alona testudinaria* auf S. 28.
49) Vergl. Sars: l. c. B. 2, p. 37. — 50) Sars: l. c. B. 2, p. 38. — 51) Sars: l. c. B. 2, p. 38.
52) Sars: l. c. B. 1, p. 18 u. B. 2, p. 39. — 53) Sars: l. c. B. 2, p. 53. — 54) Sars: l. c. B. 1, p. 22 u. B. 2, p. 52. — 55) Sars: l. c. B. 2, p. 41. — 56) Sars: l. c. B. 1, p. 21.

Wenn wir die Resultate der zur Zeit vorliegenden Beobachtungen schliesslich zusammenfassen, so erhalten wir, abgesehen von den durch King beobachteten australischen Arten, für die bis jetzt ermittelten 70 Species der oben behandelten drei Cladoceren-Familien folgende systematische Uebersicht.

Fam. **Lynceidae.**

Gatt. 1. *Eurycercus.*
Sp. 1. Eur. lamellatus.
„ 2. Eur. laticaudatus.
„ 3. Eur. acanthocercoides.

Gatt. 2. *Chydorus.*
Sp. 1. Ch. sphaericus.
„ 2. Ch. latus.
„ 3. Ch. nitidus.
„ 4. Ch. caelatus.
„ 5. Ch. piger.
„ 6. Ch. latifrons.
„ 7. Ch. albicans.
„ 8. Ch. globosus.

Gatt. 3. *Anchistropus.*
Sp. 1. Anch. emarginatus.

Gatt. 4. *Monospilus.*
Sp. 1. Monosp. tenuirostris.

Gatt. 5. *Alona.*
a) Schale glatt.
Sp. 1. Al. spinifera.
„ 2. Al. affinis.
„ 3. Al. socors.
„ 4. Al. Leydigii.

b) Schale der Länge nach gestreift;
Postabdomen ziemlich gleich breit.
Sp. 5. Al. quadrangularis.
„ 6. Al. sulcata.
„ 7. Al. falcata.
„ 8. Al. intermedia.
„ 9. Al. lineata.
„ 10. Al. costata.
„ 11. Al. ovata.

c) Schale der Länge nach gestreift;
Postabdomen stark zugespitzt.
Sp. 12. Al. camptocercoides.
„ 13. Al. tenuicaudis.

c) Schale mehr oder weniger deutlich
gegittert.
Sp. 14. Al. guttata.
„ 15. Al. reticulata.
„ 16. Al. esocirostris ⎰ ?Grapto-
„ 17. Al. testudinaria ⎱ leberisS.

Gatt. 6. *Acroperus.*
Sp. 1. Acrop. leucocephalus.
„ 2. Acrop. striatus.
„ 3. Acrop. harpae.
„ 4. Acrop. nanus.
„ 5. Acrop. intermedius.

Gatt. 7. *Camptocercus.*
Sp. 1. Campt. macrourus.
„ 2. Campt. Lilljeborgii.
„ 3. Campt. rectirostris.
„ 4. Campt. biserratus.

Gatt. 8. *Peracantha.*
Sp. 1. Per. truncata.
„ 2. Per. brevirostris.
„ 3. Per. armata.

Gatt. 9. *Pleuroxus.*
a) Schale glatt oder längs des vorderen Randes gestreift.
Sp. 1. Pleur. trigonellus.
„ 2. Pleur. aduncus.
„ 3. Pleur. nasutus.

b) Schale retikulirt.
Sp. 4. Pleur. ornatus.

c) Schale der Länge nach gestreift.

Sp. 5. Pleur. striatus.
„ 6. Pleur. aculeatus.
„ 7. Pleur. exiguus.
„ 8. Pleur. excisus.

d) Schale schräg gestreift.

Sp. 9. Pleur. Bairdii.
„ 10. Pleur. pygmaeus.
„ 11. Pleur. transversus.

Gatt. 10. *Rhypophilus.*

Sp. 1. Rhyp. glaber.
„ 2. Rhyp. uncinatus.
„ 3. Rhyp. personatus.

Gatt. 11. *Lynceus* (i. sp.)

Sp. 1. Lync. rostratus.
„ 2. Lync. griseus.

Fam. **Polyphemidae.**

Gatt. 1. *Pleopis.*

Sp. 1. Pleop. brevicaudis.
„ 2. Pleop. polyphemoides.
„ 3. Pleop. Leuckartii.
„ 4. Pleop. minutus.

Gatt. 2. *Podon.*

Sp. 1. Podon intermedius.

Gatt. 3. *Evadne.*

Sp. 1. Evadne Nordmanni.

Gatt. 4. *Polyphemus.*

Sp. 1. Polyph. pediculus.
„ 2. Polyph. oculus.
„ 3. Polyph. Kochii.

Gatt. 5. *Bythotrephes.*

Sp. 1. Byth. longimanus.
„ 2. Byth. Cederströmii.

Fam. **Leptodoridae.**

Gatt. 1. *Leptodora.*

Sp. 1. Leptodora hyalina.

Erklärung der Kupfertafeln.

Tafel I.

Fig. 1. Chydorus nitidus (Weibchen) in der Seitenlage. Vergr. ungefähr 300mal.
Fig. 2. Postabdomen desselben Thiers.
Fig. 3 u. 4. Kopf derselben Art mit Auge, Nebenauge, Tast-, Ruderantenne und Oberlippe.
Fig. 5. Chydorus sphaericus in der Seitenlage, Weibchen. Vergröss. ungefähr 300m.
Fig. 6. Dasselbe Thier von der Dorsalseite aus gesehen.
Fig. 7. Ruderantenne derselben Art.
Fig. 8. Alona camptocercoides, Weibchen.
Fig. 9. Kopf derselben Art mit Auge, Nebenauge, linker Tastantenne und Oberlippe.
Fig. 10. Postabdomen derselben Art.

Fig. 11. Acroperus leucocephalus, Weibchen. Vergröss. ungefähr 150mal.

Fig. 12—16. Schale, Postabdomen, eine Tastantenne, Oberlippe und eine Ruderantenne von derselben Art.

Fig. 17. Alona spinifera, Weibchen.

Fig. 18. Postabdomen der weiblichen Alona spinifera. — Fig. 19. Erstes Bein von derselben Art.

Fig. 20. Eine Ruderantenne; Fig. 21. Eine Ruderborste mit Gelenkdorn; Fig. 22. Eine Mandibel von demselben Thierchen.

Fig. 23. Alona lineata, Weibchen. (Die Streifung der Schale ist zu weitläufig dargestellt.)

Fig. 24. Postabdomen der weiblichen Alona sulcata.

Fig. 25. Schalen-Skulptur derselben Art.

Fig. 26 u. 27. Alona exocirostris, Weibchen.

Fig. 28. Postabdomen, fünftes Bein und flaschenförmiger Bauchanhang der rechten Seite von Eurycercus lamellatus.

Tafel II.

Fig. 29. Männchen von Peracantha truncata. — Fig. 30. Weibchen derselben Art.

Fig. 31. Kopf mit linker Tastantenne von der weiblichen Peracantha brevirostris.

Fig. 32. Pleuroxus ornatus, Weibchen.

Fig. 33—36. Postabdomen, Tractus intestinalis, Oberlippe und Tastantenne von Pleuroxus trigonellus.

Fig. 37. Pleuroxus striatus, Weibchen.

Fig. 38. Pleuroxus excisus, Weibchen.

Fig. 39. Postabdomen des weiblichen Camptocercus macrourus von der gefurchten Dorsalkante aus gesehen.

Fig. 40 u. 41. Oberlippe und Tastantenne derselben Art.

Fig. 42. Postabdomen des weiblichen Camptocercus biserratus.

Fig. 43. Postabdomen des weiblichen Camptocercus rectirostris.

Fig. 44. Chydorus caelatus, Weibchen. Vergröss. gegen 300mal.

Fig. 45. Polyphemus pediculus, Weibchen mit zahlreichen Embryonen in der Bruthöhle. Vergrössert ungefähr 200mal.

Tafel III.

Fig. 46. Camptocercus Lilljeborgii, Weibchen. Vergröss. ungefähr 200mal.

Fig. 47. Schnabelspitze derselben Art; Fornix mit zurückgezogener Tastantenne.

Fig. 48. Postabdomen derselben Art.

Fig. 49. Camptocercus rectirostris, von der Dorsalseite aus gesehen.

Fig. 50. Camptocercus rectirostris, Weibchen, in der Seitenlage. Vergröss. etwa 200mal.

Fig. 51. Camptocercus biserratus, Weibchen. Vergröss. gegen 200mal.

Fig. 52. Pleuroxus transversus, Weibchen. — Fig. 53. Postabdomen desselben Thiers.

Fig. 54. Rhypophilus glaber, Weibchen in der Seitenlage.

Fig. 55. Kopf des Rhypophilus glaber mit Auge, Nebenauge, Tastantenne und Oberlippe.

Fig. 56. Postabdomen desselben Thierchens.

Fig. 57. Alona reticulata, Weibchen. Vergröss. gegen 300mal.

Fig. 58. Postabdomen der weiblichen Alona reticulata.

Fig. 59. Pleuroxus adnucns, Weibchen. Vergröss. 200mal.

Fig. 60. Postabdomen des weiblichen Lynceus rostratus.

Buchdruckerei von Gustav Lange in Berlin. Friedrichsstrasse 103.